インプレスR&D [NextPublishing]　　　O*N*Deck Books
　　　　　　　　　　　　　　　　　　　E-Book / Print Book

人工偽脳

AIがつくるのは偽の脳

阿江 忠　|　著

人工知能はコンピュータープログラムの1つです

プロローグ

AIスピーカーに「こんにちは」と話しかけると、「こんにちは」が返ってきて、日常会話を楽しむことができます。AI（人工知能）が搭載されたアマゾンの「Echo」（エコー）などが発売され、スマートスピーカーとも呼ばれています。

"賢いスピーカー"なので、インターネットアクセスの代行や電化器具のスイッチを入れたりしてくれるかもしれません。AIは人工知能の英語Artificial Intelligenceの略ですから、人工知能と書いたり、AIと書いたりします。

最近はすごい人工知能も登場していますが、その背景にはコンピューター性能の飛躍的な向上があります。

人工知能は脳科学という観点からは**偽脳**つまり**偽の脳**にすぎず、真の脳ではありません。偽脳では印象は悪いかもしれませんが、「本物か偽物か」となれば「偽物」と言っていいでしょう。人間の脳を模した擬似的な脳になるなら、偽脳は十分役に立ちますし、特定の分野では**人間の能力をはるかに超える力**を持っています。ところが、こういう擬似的な脳、**擬脳**はいいのですが、人を欺く脳、**欺脳**は困ります。AIが偽脳の中の擬脳、欺脳のどちらになるか、注意しないといけません。

偽脳を人工知能でつくる技術の変遷はコンピューターの歴史そのものです。ですから、コンピューターの発展と同じようなものですが、技術にはブレークスルー的な変化があるため、**ブーム**という表現が用いられます。

人工知能はコンピュータープログラムの1つですから、コンピューターの実用化が始まった1950年代から研究されてきましたし、そのころすでに人工知能のブームはありました。

《第0次AIブーム（1955年ごろからの10年間）　〜人工知能の原理がつくられた時代》

　このころはまだコンピューターが世の中で使われ始めた時代にすぎず、一般家庭向きのものはありません。企業や大学にコンピューターセンターのようなものがつくられ、技術者や研究者がコンピューターを共用していた時代です。今のスーパーコンピューターのような存在でしたが、人工知能の原理も構築されました。Lisp（リスプ）という人工知能向きの言語もジョン・マッカーシーさんによって考案されました。ただ一般には知られてはいないブームなので、（学術的には第1次ブームですが）本書では第0次ブームとしました。

《第1次AIブーム（1985年ごろからの10年間）　〜人工知能プログラミング基本の時代》

　パソコンの普及に伴って、パソコン（少しハイクラスなものとしてワークステーション）で使える人工知能が登場しました。ふつうのプログラムの書き方と違って、データとルール（推論規則）を書けば、システムが推論を実行して結論を導くようなアプリが登場しました。「風が吹く」から「桶屋が儲かる」のような結果を出すプログラムです。

　こういう人工知能プログラミングのために（Lisp以外に）Prolog（プロローグ）という言語や、PS（Production System、プロダクションシステム）というプログラムも知られるようになりました。この時代、人工知能プログラムも一部では実用化しましたが、広く普及したわけではありません。

　ルールベースのAIプログラミングは意識されるようになりましたが、まだ基本段階でした。エキスパートシステムとも言われたように、ルールを書くのはエキスパート（専門家）で、一般ユーザーはデータを入力するだけでした。

　当時、人工知能とは少し異なる立場で、人工神経回路網つまりニュー

ラルネットワークの研究もブームになりました。人間の脳細胞のニューロンを数学表現する方法は第0次ブームのときにもありましたが、不完全なものでした。ニューロンをシナプスで結合した回路を学習させようとすると、うまくいかないことがありました。

　第1次ブームでは、かつてのニューロン相当の閾値素子（デジタルニューロン）をやめて、新しいタイプのニューロン（アナログニューロン）を使い、誤差逆伝搬学習法（BP：Back Propagation）を適用すると、それなりのニューラルネットワークがつくれるようになりました。生まれたての赤ん坊がギャーギャーいう段階から、ちょっとした言葉を喋るくらいまで、ニューラルネットワークで学習できるデモが話題になりました。

　人工知能はまだ基本段階だったことは否めませんが、ニューラルネットワークでは、すでに学習は機械的に行われていました。人工知能を広義に解釈すれば、ニューラルネットワークも人工知能に含まれたのですが、当時はニューラルネットワークこそ人間の脳構造を模擬したもので、「ニューラルネットワークは（狭義の）人工知能とは違う」という意識で研究していたのです。

　世の中で起こっていることを記録すればデータになります。多数のデータを分析することで法則を導くことができれば、法則はルールになります。難しく言うと「知識表現」ですが、知識表現をベースにした人工知能が第1次AIブームの主流でした。

　一方、ニューラルネットワークでは、知識表現は不要でデータから学習させる方法が使われましたが、実用化にはまだほど遠い状況だったのです。

《第2次AIブーム　（2015年ごろから現在進行中、2025年ごろまで？）
〜人工知能プログラミング実用化の時代》

　一応ブームの期間を10年としましたが、ブーム開始前に5年間ぐらい準備段階があって10年間が本格的なブーム、さらに5年ほどの終焉期の

ようなものがプラスされるでしょう。

現在の第2次AIブームは2015年くらいから始まったように思います。

筆者は第0次ブームの終焉期から人工知能コンピューターの研究に関与してきましたので、今回のブームの"終焉"を2025年と予想しています。終焉というのは「ブームが終わる」という意味で、完成した人工知能プログラムは「当たり前のプログラム」として使い続けられるでしょう。そしてブームの落ちついた2025年ごろからは、来るべき第3次ブームのための模索段階になるのではないでしょうか。これは余分なことですが……。

ブームが去ると次のブームまで20年くらいは「冬の時代」に入り、研究者は「ああでもない、こうでもない」と模索します。この時期、研究者は研究費を得るのに苦労します。世の中では「役に立たない研究」とみなされるので、誰も研究支援をしてくれません。この苦労があって、現在の第2次ブームが実ったと言えるでしょう。現在発刊されている人工知能の本は第1次、第2次ブームの内容が要約されています。

ごく大雑把に今回のブームの骨幹をまとめると、**人工神経回路網つまりニューラルネットワークでの学習方法が進歩したこと**。と同時にコンピューターの発達により、ビッグデータ処理が可能になりました。

ここで人工知能の教科書を書くつもりではありませんので、メディアで取り上げられるような項目、つまり人工知能の応用分野から眺めるようにします。

人工知能のつくる脳は偽りの脳、**人工偽脳**だと思いますが、研究者は真の脳に近づくように努力していますので、あくまでも筆者の私見です。人工偽脳を英語で書くなら、Artificial Fake BrainですからAFBと略せます。(しかし、まだ知名度はゼロですし、第一線の研究者には無視されるでしょう。)

プロローグ | 5

以下、人工偽脳のつくり方を分野ごとに眺めることにします。そして、偽の脳が社会に役立つのかどうかも考えましょう。

目次

プロローグ ·· 2

1. 医療分野 ·· 9
1.1 病気の診断をする人工知能プログラム ································ 9
1.2 ディープラーニング ·· 14

2. 自動車 ·· 22
2.1 自動運転にはコンピューターが必須 ·································· 22
2.2 自動運転技術の基礎 ·· 24
2.3 完全自動運転のためには ·· 29
2.4 インターネット接続された自動運転車 ································ 32

3. 会話型ロボット ·· 34
3.1 対話型ロボットの原型 ·· 34
3.2 人工知能プログラミング ·· 36
3.3 会話型ロボットにおける人工知能プログラミング ······················ 43

4. ビジネス分野 ·· 48
4.1 ビジネス分野の人工知能 ·· 48
4.2 思考するビジネスロボット ·· 49
4.3 いろいろなビジネスロボット ·· 55

5. 囲碁などゲーム分野 ·· 60
5.1 囲碁のためのAIプログラム ·· 60
5.2 フレームベースの人工知能 ·· 64

6. 作曲など創作分野 …………………………………………… 69
　6.1　コンピューター創作 ………………………………………… 69
　6.2　コンピューター創作の問題点 ……………………………… 74

7. 法律、特許・商標権・著作権など ………………………… 77
　7.1　法律ロボット ………………………………………………… 77
　7.2　ビッグデータ処理 …………………………………………… 79

8. これからの人工知能 ………………………………………… 82
　8.1　人工知能による未来予測 …………………………………… 82
　8.2　未来予測に優れた人工知能とは …………………………… 83
　8.3　ブロックチェーン、量子コンピューターと人工知能 …… 85
　8.4　人工知能が成長するには …………………………………… 87
　8.5　人工知能に心はあるか ……………………………………… 89

9. まとめ ………………………………………………………… 90

　エピローグ ……………………………………………………… 93
　参考文献 ………………………………………………………… 96

　執筆者紹介 ……………………………………………………… 99

1. 医療分野

1.1 病気の診断をする人工知能プログラム

　第1次AIブームのときもOPS83というMIT（マサチューセッツ工科大学）で開発された人工知能言語の応用として、病院で問診をするAIのデモがありました。OPSはOfficial Production Systemの略ですが、Production System（プロダクションシステム）はエキスパートシステムという人工知能プログラムを書くのに適しています。基本的な人工知能プログラミングの説明のために、ごくごく簡単な病気の診断例を示しましょう。

●ルール（推論規則）の集合
　1．［熱がある］または［頭痛がする］ならば［症状1］
　2．［くしゃみ］または［鼻づまり］または［咳をする］ならば［症状2］
　3．［症状1］そして［症状2］ならば［風邪］
　4．［風邪］そして［高熱が続く］ならば［肺炎］

　以上の4つのルールは病気に関する簡単な知識の例ですが、患者は症状があるので、病気の診断を人工知能に依頼することになります。症状は人工知能システムではデータに相当します。

●患者1の症状（データ）：［頭痛］と［咳］がある
　この場合、ルール1から［症状1］、ルール2から［症状2］が導かれて、ルール3から［風邪］と判定されます。

●患者2の症状（データ）：［頭痛］と［咳］があり、さらに［高熱が続く］

　この場合、患者1と同様に［風邪］と判定されますが、さらにルール4が適用されて［肺炎］と判定されます。

「頭が痛くて咳もする」だとか「熱があってくしゃみも出る」から、「風邪をひいているでしょう」などと診断されても、感心はしないでしょう。第1次AIブームのときの人工知能はこの程度のものでしたから、「人工知能も大したことはない」という印象でしたが、人工知能プログラムを書いてみるというセミナーはそれなりに流行りました。

　実際のプログラミングでは、**または**はOR、**そして**はANDを使った論理式になりますが、Production Systemでは知識をルール（推論規則）の集合で与えておき、データ（事実の集合）を入力すると、推論機構が働いて結果を出力してくれます。

　推論とは「AならばB」、「BならばC」のとき「AならばC」となる三段論法を一般化したものです。

　この簡単な病気診断の場合は図1.1のように表現できます。

●図1.1　推論による病気診断の簡単な例（自著より）

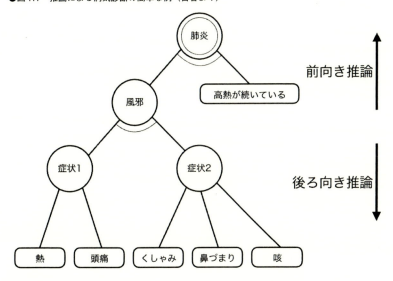

　第1次AIブームではこのようなAIシステムがあちこちでつくられ、一見普及するかと思われましたが、知識に相当する正確なルールの集合をつくるのに限界がありました。これが**知識獲得のボトルネック**です。

　対象とする応用分野でルールの集合を記述することを**知識表現**と言いますが、知識は獲得して分かったような気になっても、記述するのは大変です。分野にもよりますが、多くのルールを互いに矛盾しないように正確に人間が記述しようとすると、数百（例えば300）くらいが限界になります。

　それに当時ふつうのコンピューターでは、実用的な時間内に動作するのは1,000くらいのルール数が限界でした。それ以上、例えば1万とか10万もルールがあると、パソコンのようなコンピューターはいつ答えをくれるのか分からない状態に陥るのです。

　知識獲得のボトルネックは人工知能研究のボトルネックでもありました。

第1次AIブームが終焉したのちもいくつかの研究がありました。

知識獲得をデータ集めとするなら、まずとにかく事例を集めて、ビッグデータからなるデータベースをつくります。1つの事例をルールとするなら、事例を蓄えたビッグデータを分野ごとにつくることは可能です。

人間が知識表現つまりルールを求めるのではなく、コンピューターにやらせる方法です。それが**データマイニング**という技術で、それを可能にしたのはコンピューターのパワーアップも背景にあります。

データマイニングはとんでもない数のデータ、**ビッグデータ**からいろいろな知識を得る手法のことです。もともとマイニング（Mining）とは採掘という意味で、「鉱物から金のような貴重な金属などを得ること」ですが、このマイニングという言葉がデータベースでも使われるようになりました。

例えば、ファストフードショップでは「ハンバーガーを買う人は同時にコーラも買う確率が高い」というような知識がデータマイニングから得られます。このような知識は販売する側の商品の準備に役立ちます。

データマイニングはデータベース分野の研究技術ですが、人工知能に応用することができます。データマイニングを使って知識をルールとして求めるといいのですが、ルールが複雑になる可能性もあります。

前記した簡単な病気の例も分かりやすくするために、
1. ［熱がある］または［頭痛がする］ならば［症状1］
2. ［くしゃみ］または［鼻づまり］または［咳をする］ならば［症状2］
3. ［症状1］そして［症状2］ならば［風邪］

と書きましたが、1から3をまとめて
　　（［熱がある］または［頭痛がする］）　そして　（［くしゃみ］または［鼻づまり］または［咳をする］）　ならば　［風邪］

と1つのルールにすることができます。

簡単なルールであれば大雑把な知識として人間には分かりやすくていいのですが、それなら人工知能に任せる必要もありません。ビッグデータからの知識をルールにすると、とんでもない長さのルールが山ほどできるかもしれません。ですから、コンピューターの処理の場合、無理に**ルールにしなくてもいい**のです。複雑な症例（カルテなど）をそのままデータとして保存すればいいのです。そのため、莫大な量のデータすなわち**ビッグデータ**が溜まりますが、コンピューターの進歩の結果、それほど気にしなくてもよくなりました。

　今回のAIブームでは**ビッグデータ処理**が使われています。前述のデータマイニングのほかに、第1次AIブームでもすでに次のような技術がありました。

　ビッグデータをコンピューターに蓄えておき、そこから今必要とする事例に一番近いもの探す。

　当たり前みたいな方法です。**メモリーベースド・リーズニング**（記憶に基づく推論）と呼ばれました。症例の場合、過去のカルテを全部調べるようなものですが、世界中の症例（論文）をコンピューターに入れておく必要があり、スーパーコンピューターが必要です。

　そして、必要な症例を探す処理をするプログラムも必要でしたが、それはコンピューターが処理をしますから心配は不要です。

　コンピューターは複雑なことを長時間続けても、人間のように疲れて失敗をすることはまずありません。

　もちろんスーパーコンピューターのように高電力で高熱を発する装置の場合、空調は十分にしておくことが必要です。また落雷などで停電になっても大丈夫なように、補助電源の装置も必要ですが……。

　メモリーベースド・リーズニング以前は、**ケースベースド・リーズニング**（事例に基づく推論）が使われていました。症例から事例ごとにまとめておく百科事典のような技術のことです。ケースベースド・リーズ

1. 医療分野　13

ニングは人間並みのことができる程度の人工知能です。ただビッグデータに対応可能なメモリーベースド・リーズニングにしても、当時のコンピューターでは、人間並みの域を出なかったのです。

1.2　ディープラーニング

　ところが、今回のAIブームでは、人間では処理できないくらいのビッグデータをうまく処理するようになりました。それはニューラルネットワークで使われる**ディープラーニング**という学習方法です。もともとシステムにおける学習方法の1つが機械学習ですが、ニューラルネットでも機械学習と言われるようです。

　機械学習は、人間の学習とは違って、コンピューターが機械的に学習する方法です。

　第1次AIブームのころ、ニューラルネットワーク分野では、**誤差逆伝搬学習**（BP：Back Propagation）という学習方法が普及しました。ただ当時のコンピューターの能力では限界があり、超並列コンピューターや専用ハードウェアの開発も試みられました。筆者も小型の並列コンピューターやVLSIニューロコンピューターの試作もしましたが、実用までには大きな壁がありました。

　その後、ニューラルネットワークの研究はSVM（サポートベクターマシン、Support Vector Machine）などを経て、ディープラーニング（Deep Learning）により再び脚光を浴びています。

　ディープラーニングは**深層学習**とも言われるように、ニューラルネットワークの階層が深くなっても学習が可能となる学習方法です。ディープラーニングが可能になったのも、コンピューターの能力アップによるものです。

　ニューラルネットワークの基本単位はニューロン（図1.2）です。ニューロンとニューロンはシナプスで結合されます。図では上下に接続するよ

うに、上を入力、下を出力としましたが、横方向に接続する場合は、90度反時計方向に回転させて、左を入力、右を出力とします。

●図1.2　ニューロン（数式表現は省略）

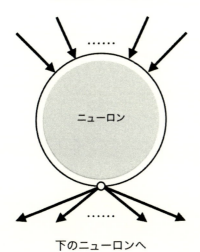

　ニューロンの入力につながっているシナプスの出力信号（0から1までの数）には重み係数がつきますが、この値を決めるのが学習です。初期値は一定値に設定するとしても、徐々に微妙な変化をします。なにせ1つのニューロンにはたくさんの入力があり、ニューラルネットワークを学習させるためには、各ニューロンの重み係数を適切に決めないといけないからです。脳細胞のほんの一部のモデルですが、生まれたてに相当する初期値から、ある役目（例えばパターン認識）をするニューラルネットワークになるのは、すべてのニューロンの重み係数が決められたときです。この重み係数の決定には、非常に時間のかかる繰り返し計算が必要になります。

第1次AIブームで使われたニューラルネットワークは主に3層構造でしたが、実用化には問題がありました。

●図1.3（a）　パターン認識の3層ニューラルネットワーク（第1層から第3層の丸はニューロンを示す。シナプスは省略。自著より）

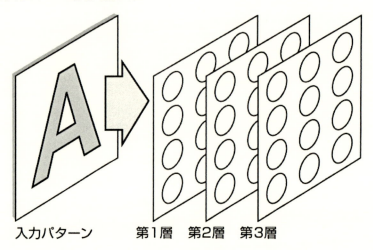

●図1.3（b） 3層ニューラルネットワークの例（自著より）

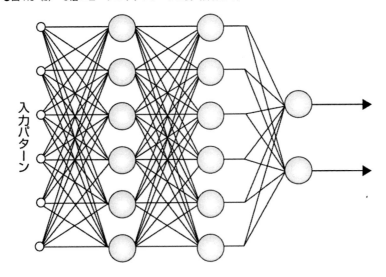

　というのは、3層でも難しい問題を誤差逆伝搬学習法で学習させようとしますと、大変な時間がかかってしまったのです。ですから、それ以上深い層の扱いはムリでしたし、専用ハードウェアも開発できませんでした。3層構造では、入力層（Input Layer）と出力層（Output Layer）を除くと、隠れ層（Hidden Layer）は1層です。なお、隠れ層は中間層とも言われます。当時はパターン認識といっても文字認識ぐらいを対象にしていましたので、3層構造でも間に合いました。
　最近は人間の顔や画像の認識をするため、深層が必要になってきました。

●図1.4　ニューラルネットワークの縦型表示（自論文より）

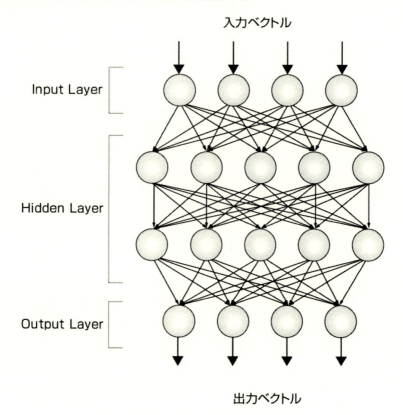

　図1.4では隠れ層は2層ですので、まだ深層ではないようですが、この隠れ層が3層以上（最大では10層以上も）になると深層と呼ばれるようです。ふつうニューラルネットワークは横向きに左側から右側に層が増えるように描かれますが、図1.4では上から下へ層が増えますので、深層のイメージにはいいでしょう。
　ニューラルネットワークでは隠れ層の層数が増えると、学習（ラーニング）の時間がとても増えます。ところが、最近はコンピューター自体の

進歩もあって優れた学習アルゴリズムが開発されて、深い層になっても学習できるようになり、ビッグデータにも対応できるようになりました。

しかし、ニューラルネットワークを画像認識にしろ、データ識別にしろ、ディープラーニングを適用しようとすると、まずニューロン・ユニットの個数と深層の数を決定しないといけません。認識や識別したい課題をニューラルネットワークにマッピングするのですが、まずどういうニューラルネットワークを使うかを決める必要があります。さらに学習を始めるためのいろいろな設定もケースバイケースで決まり、経験的にしか分からないことも多くあるので、慣れるまで時間がかかるでしょう。

このタイプのニューラルネットワーク学習のことを、第1次AIブームのときの自著（『VLSIニューロコンピュータ』、共立出版、1991年）では、カラオケに例えたことがあります。

①パソコンでできる。
②答えが曖昧でもいい。
③経験がものをいう。

この3点からカラオケと似ているとしたわけですが、今回のディープラーニングでもほぼ当てはまるように思います。①のパソコンでできるというのは（カラオケと同じく）家庭用機器でできるという意味ですが、対象はそれほど大きくない課題です。②の答えの曖昧さは昔と違って、今回は非常に精度が上がっています。ただニューラルネットワークは完全解を求めるものではないので、曖昧さが残るのは仕方ありませんが、それでも十分役に立つのです。

③の経験がものをいう、の「経験の程度」が今回はとても大きくなっていますから、注意が必要です。学習に時間もかかりますから、実用化しようとすると人手も必要になります。簡単な例題を試行するならばパソコンでも可能ですが、場合によってはパソコンでなく、スパコンレベルのコンピューターが必要になり、実用的な問題をディープラーニング

で解決する場合、装置の費用と試行する人材を確保する必要があります。

　ビッグデータをニューラルネットワークのディープラーニングで処理するというのは、冷めた見方をすれば統計処理ですが、通常の統計処理をいとも簡単にやってくれるのです。ニューラルネットワークはパターンの認識が得意です。ですから、顔写真の認識によく登場しますが、動画のようなパターン系列の知識も最近のニューラルネットワークは得意です。例えば、4コマ漫画は4つのパターンの系列になります。

　医療データの場合、レントゲン写真のみならず、CTやMRIの画像の系列は患者の治療事例になります。それがビッグデータになっても、認識可能になるわけです。
　東京大学医科学研究所が導入した人工知能が、白血病患者の特殊なタイプの遺伝子を10分で見つけて治療に役立った、という報道もありました。癌などの医療分野では、人工知能がこれからますます応用されることでしょう。医科学研究所では、IBMの人工知能「ワトソン」に2,000万件以上の生命科学の論文と、1,500万件以上の薬剤関連の情報を入力したそうです。人工知能ワトソンはこれらビッグデータから学習をして、癌患者の発病に関係する遺伝子と治療薬の候補を出力させたようです。
ニューラルネットワークがパターン認識だけでなく、データ識別にも使われるようになりました。
　新薬の開発にはこれまでもビッグデータ処理が使われましたが、莫大な組み合わせの中から最適なものを選ぶという方法なので、この分野にも人工知能は役立つはずです。
　このビッグデータの学習の概略を考えますと、人工知能は2つのステップを実行しています。まず最初のステップ、学術論文の内容を要約して、とくに貴重なデータ関連をまとめる作業をします。第1次AIブームの最後のころには、ニューヨークタイムズのような新聞の論説を要約できる

ようになっていました。記事を読んで要約としてまとめることは、当時の人工知能でも可能でしたが、今や専門家の読む論文でも人工知能は対応できるようになりました。

次に人工知能はデータ処理のステップに移ります。データの書き方は論文ごとに異なるのがふつうですし、Excelのファイルのように構造化されていません。こういう非構造データを構造化する作業を人工知能はします。こうすれば、応用目的に沿った処理が可能になります。

別の見方をすれば、一種の統計処理をスマートかつパワフルに処理するのが人工知能なのです。

今回のAIブームでは、ビッグデータを要求に応じた形式にまとめることができ、応用ごとのプログラムに供給することが可能になりました。

このような病気の診断をしてくれるような人工知能は医師の間で普及するのでしょうか。

特定の病院では患者のために人工知能をセカンドオピニオンのように使用できるようにしてくれるだろうと思いますが、普及には時間が必要でしょう。それに多くの場合、セカンドオピニオンは医師の診断とほぼ同じになり、気休め程度のものになるような気がします。それでも、病院の中に公衆電話室のような人工知能相談室があると、待ち時間の有効利用にはなるでしょう。

医療分野での人工偽脳は社会に役立つとは思いますが、AIプログラムが正確かどうかは問題になります。それは医療過誤に関係するかもしれないからです。

医療用のAIプログラムについては、医療分野ごとに厳密なプログラム審査のための組織が必要になるはずです。ミスのあるプログラムにより、人命が損なわれることがあってはならないでしょうから。

2. 自動車

2.1　自動運転にはコンピューターが必須

　自動車には（ナビゲーションシステムのような付加装置を除いても）コンピューターが満載されています。
　正確に言えば、コンピューターの核になる数十のマイクロプロセッサーが自動車の制御部分に使われているということです。ですから、安全のための自動停止装置そして自動運転技術の開発という展開は極めて自然な流れになります。
　まずアメリカ政府の国家道路交通安全局（NHTSA）の自動運転の定義を見てみましょう。

《レベル0：車の運転に関してコンピューターが介在しない状態》
　これはエンジンなどの制御に使われているマイクロプロセッサーは除外されていて、人間がハンドル、アクセル、ブレーキを操作する代わりにコンピューターが使われるかどうかを問題にしているはずです。つまり、これまで私たちが運転してきた車の多くはレベル0になります。そして、これからの車はレベル1以上になります。

《レベル1：自動ブレーキ、操縦、加速のどれかにコンピューターが介在する状態》
　スバルの「アイサイト」など各社で装備されるようになった衝突防止機能はレベル1になるでしょう。操縦（クルーズコントロール）としては、簡単なレベルを意味するものと思います。

《レベル2：自動ブレーキ、操縦、加速が複合的に加わった状態》
　衝突はもちろん、接触もしないようにハンドルをきる機能が要求されています。車線変更しない自動運転はこのレベルになるでしょう。

《レベル3：半自動運転（条件次第で運転手は監視義務から解放される）》
　この場合、車線変更も自動的にする必要があり、かなり自動運転に近づきます。

《レベル4：完全自動運転》
　さらに、アメリカの自動技術協会（SAE）では無人車の自動運転をレベル5としているようですが、ここではレベル4までを考えましょう。

　車の自動運転で人工知能を使うのは、レベル2でも使われるかもしれませんが、本格的にはレベル3すなわち半自動運転からと思われます。つまり、車にパソコンレベルのコンピューターが搭載されると、半自動運転のできる人工知能プログラムが人間の代わりに、ハンドル、アクセル、ブレーキを操作することになります。
　この場合、一番重要なことは十分速いスピードで動作するプログラムでないとダメだということです。コンピューター技術の世界では**リアルタイム処理**と言います。
　リアルタイム処理可能な自動運転ソフトの構造について考えてみましょう。
　第1次AIブームが終焉したころから、ブレイン（脳型）コンピューターのプロジェクトに参加しましたが、主導されたのは故・松本元さんでした。
　プロジェクトは5つあり、筆者はその中の1つを担当しました。入力は映像パターンですのでニューラルネットワークで学習処理して、その後の処理をルールベースの人工知能ソフトを並列処理しようとしました。半導体チップ開発が目的ですが、ブレインコンピューターとしては2階

層構造になっています。この階層の意味は、フロントエンドがニューラルネットワーク、本体が**強化学習（例えばQ学習のようにアメとムチを使い学習を向上させる方法）**のための並列処理プロセッサー、つまりシステムとして2段階の階層構造になっているという意味です。フロントエンドのニューラルネットワークも（当時普及した）3層構造のものを想定していました。

　ハードウェアの詳細の説明は省略しますが、フロントエンドで処理されるニューラルネットワークの入力は複雑なパターンです。このパターンを本体の人工知能ソフトに結合するために、**メタ記号**という概念を導入しました。これは**パターンを記号として扱う**ための手段ですが、第2次AIブームではきわめて自然に使われているようです。

●図2.1　階層構造の人工知能（自論文より）

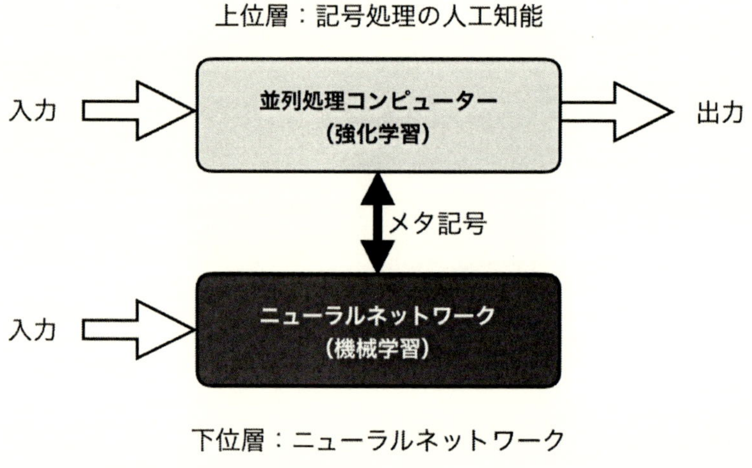

2.2　自動運転技術の基礎

　自動運転の場合、入力は映像パターン、接近距離データが主でしょう。

映像パターンには人物など接近物体以外に、信号、道路標識、車線、横断歩道など重要な入力情報がありますが、**漫画の１コマ**のようなものです。この映像パターンの認識にはニューラルネットワークの**ディープラーニング**が役立ちます。

これに自動車本体の**現在の状態（速度、加速度など）**がありますから、現在の時刻をtとすると、

> **時刻tの状態と入力情報（１コマ）**
> 　**から**
> **時刻t＋1の状態と入力情報（１コマ）**

になると考えられます。この状態変化、つまり出発点t＝0から目的地t＝aまで安全に自動車を運転できればいいわけです。

自動車のフロントガラスから見た前方画面を入力情報として、ごく簡単な例を図で示します。前方に何もないとコマは何も変わりませんが、前方（横方向も含めて）に何かあると、ハンドルやアクセル・ブレーキ操作に変更があり、コマは変化します。

●図2.2（a）　自動車の前方画面の略図（コマごとの変化）

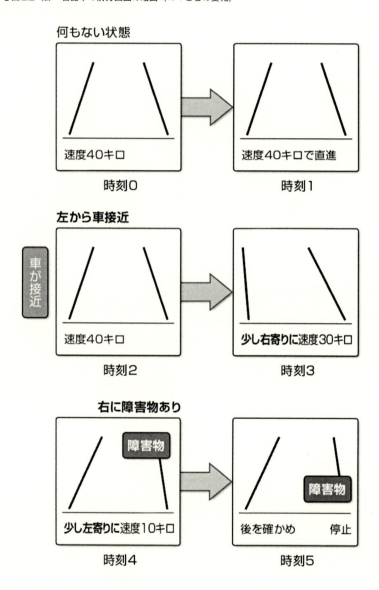

●図2.2（b）　コマごとの変化の一般表現（左が時刻t、右が時刻t＋1）

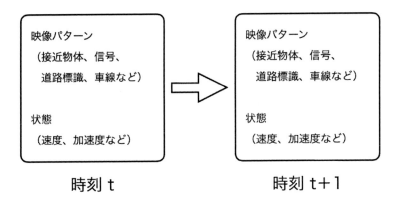

　仮に、コマごとの時刻の刻みになっているtからt＋1の間隔の単位1を100分の1秒すなわち0.01秒としますと、1秒で100回の変化ですから、1時間つまり60分で到達する場所までは、60×60×100＝360,000、つまり36万回の状態変化（映画のフィルムのようなもの）があります。しかし、目前の視界が同じような（高速道路のような）自動車専用道では入力情報（コマ）はほぼ同じなので、状態変化もあまり生じません。

　コマごとの時刻の刻みが0.01秒でも、時速36キロのスピードで走っているクルマは、1秒で10メートル、0.1秒で1メートル、0.01秒で10センチ動きます。相手のクルマと接触しないようにするぎりぎりの時間間隔でしょう。時速72キロですと、0.01秒で20センチ動きますから、本当はもっと時刻の刻みを細かくすべきでしょう。

　この**状態変化はルールになります**から、36万ルールが1回の試走で得られますが、同じルールがたくさんつくられるでしょうから、必要なルールだけにまとめればいいわけです。とくに自動車専用道ではルール数もずっと少なくなります。

　そして重要なのは、事故になりそうな状態変化（コマ）の系列です。

クルマの運転事故には４コマ漫画のようなルールの系列がありますから、人工知能ソフトがどう関与しているかを明確にする必要があるでしょう。
　運転時にドライバーが事故回避する方法を人工知能に教えることも必要ですが、自動運転車を各社が提供したときには、詳細を明示してくれないと困ります。そして消費者側からチェックする機構がないと、安心して自動運転モードに任せることができなくなります。
　なお、出発点から目的地までの経路については、人工知能ソフトに頼らなくても、ふつうのソフトで最良の経路選択できることは、ナビでもよく知られています。

　ここまでは人工知能ソフトが試行運転で得たルールをもとにして、人工知能ソフトで自動運転できるという理屈を説明しましたが、実際にはいろいろ問題があります。
　自動車専用道ではない公道では、人工知能ソフトにまだ設定されていない入力情報（コマ）が突然現れることがあるからです。
　アメリカで自動運転車の実験を、公道で始めたころの話です。グーグルが開発を進める自動運転の車が公道で接触事故を起こしました。前方に置かれた砂袋を検知し、それを避けようといったん左に進んだ際に、後ろから来たバスの側面に衝突しました。その後グーグルは3,500回ほどテストを行い、人工知能ソフトを改善したようですが、2度と事故が起こらないとは言えません。テスラの自動運転車では前方を横切ったトレーラーを認識しなかったとして死亡事故も起こしています。
　アメリカのような広い道路と違って、日本の公道は非常に狭く、安全運転できる人工知能ソフトの実験には大きな問題があると思います。おそらく、当面はレベル3の半自動運転の段階の車で留まるだろうと思っています。

2.3　完全自動運転のためには

　パリの凱旋門にあるような複雑なロータリーをうまく抜けられるなら、レベル4の完全自動運転に達したと言えるでしょう。

　パリ市内の道路では車線境界線がひかれていないことも多く、3または4車線ほどの道路は先頭車が車線をつくる形で、しかもけっこうなスピードで走ります。そして交差点の信号の手前だけ、ほんのちょっとだけ境界線がありますから、先頭になった場合は、ちゃんと車線内に停まる必要があります。おそらく、ここは人工知能ソフトがなんとか学習できるでしょう。

　凱旋門のロータリーは12の道路が交差しています。ロータリー内には車線はありませんが、4車線から5車線くらいがぐるぐる円状に反時計方向になって廻っています。

　シャンゼリゼ大通り（Avenueですから「シャンゼリゼ通り」でいいのですが）をコンコルド広場のほうから上がってきて、エッフェル塔のほうへ行こうとしますと、まず、シャンゼリゼ大通りでは一番左の車線に入っている必要があります。車線は片側4車線で右側通行、一番右側と二番目ぐらいまでの2車線はすぐロータリーを出るか、あるいは直進して出る車線なので、エッフェル塔方向へ行くには、ロータリー内で右から4番目の深い車線になるように入って行きます。

　そして反時計方向に回りながら、徐々に3車線目、2車線目と車線をアップして、エッフェル塔の行く道路、つまり（シャンゼリゼ通りからみて）反時計方向に10番目の道路（レナ通り）へ出るタイミングでは、ロータリーのトップの車線になる必要があります。

　そうでないと、予定の道路に出られなくて、ロータリー内をぐるぐるまた回ることになります。このロータリー内では1台か2台は凱旋門に一番近いところ、つまりロータリー外部から一番深い奥の5車線目あたりでウロウロしている車があります。

●図2.3　シャンゼリゼ大通りから見たロータリー内の車線（4〜5車線）

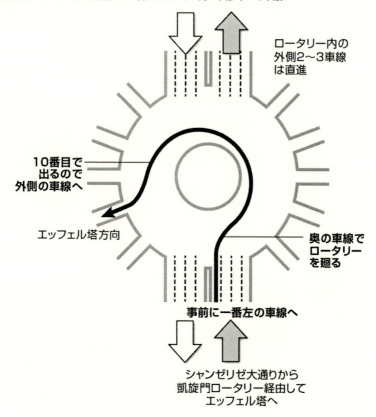

　人間が運転する場合も、凱旋門ロータリーに慣れるためには何度か試みる必要がありますから、人工知能ソフトも同じです。しっかり学習してどの通りにでもちゃんと出られるようになるまで、かなりの時間がかかるでしょう。

　それから自動運転の場合、国によって交通ルールが異なるという問題もあります。左側通行、右側通行はもちろん、フランスと隣国のドイツでも微妙な違いがあります。フランスの場合、「右優先」がかなりきっち

りしていますから、凱旋門ロータリーでもロータリー進入側のほうが優先です。したがって、ロータリー内を廻っているクルマが、入ってくるクルマを入れるために、ちょっと停まることもあります。
　ロータリーもいろいろあります。もしロータリーで、中を廻っているクルマのほうが優先の場合は、ロータリー入口に「優先権ナシ」の表示があります。日本では「一旦停止」のほうが一般的ですが、一旦停止ではないので、ロータリー内にクルマがいない場合は、やはり停止せずにロータリーに入れます。
　日本の自動運転車の主な売り込み先はアメリカでしょうが、将来ヨーロッパ向けとなると、いろいろ問題がありそうですね。なお、日本ではロータリーを英語風にラウンドアバウトと言い始めています。

　日本でも当初「2025年までに完全自動運転」を掲げていましたが、これを前倒ししたいとのこと。目標を掲げるのはいいのですが、実現にはいろいろな課題があると思います。
　自動運転の車というのは、ある意味ちょっと変な感じです。自分が自動運転車に乗り込んだ場合、自分が動かす「自動車」でなく、人工知能が動かす「他動車」のようになります。自分の意思と人工知能の意思がぴったりだといいのですが、「アホか、こんちくしょう！」という人工知能ソフトなら、オフにして自動運転は使われない可能性もあります。
　医療分野と自動車の人工知能を比べてみて一番違うところは、医療分野は医療の専門家でないと人工知能に学習させることができませんが、自動車の運転であれば、「私が教えてあげよう」という人はたくさんいることでしょう。自動車学校の先生ももちろん、そうでなくても、運転に自信のある人は人工知能プログラムに試行データを供給できるはずです。
　しかし、そういう人々が好き勝手に人工知能にデータ供給をした場合、いろんな問題が起こるはずです。「乱暴運転の自動運転車」も十分予想できます。

今のところ、自動運転車をつくれるのは自動車メーカーに限られるでしょうが、それでもインストールされた人工知能プログラムのチェック、それに実地運転のログ（飛行機のブラックボックスのようなもの）のチェックは絶対必要でしょう。しかるべき公式の調査機関がつくられるのが大前提ですが。

　そして、「自動運転車の改造」をチェックする必要があります。自動車メーカーも運転する人により微妙に異なる運転癖もAIプログラムで学習できるようにするようですが、メーカーのAIプログラムに教えられるクセには限界があると思います。

　そうでないとトンデモナイ自動運転車、例えば不良の乗る暴走自動運転車も登場する可能性があります。自動運転の人工知能を勝手に改造したクルマは外見では判断できませんから、AIプログラムの段階でチェックしないといけないでしょう。

2.4　インターネット接続された自動運転車

　筆者が一番恐れているのは、インターネット接続された自動運転車がサイバー攻撃により、第三者に狙われることです。自動運転車が外部の誰かによって操作されて、思わぬところへ車を誘導される可能性があります。

　もっと悪質な例としては、人間に似たロボットを運転席に乗せて、爆弾を搭載した自動運転車を誰かがインターネットから操作することで、テロに利用される可能性もあります。事実、無人運転の軍用車はイスラエルで実用化されているように、これが個人や集団でも製造される可能性があります。

　自動運転車には運転免許はどうなるのでしょうか。今でもオートマチック免許がありますから、自動運転車が街中に溢れる時代になると、簡単な免許（あるいは無免許も可）となるかもしれません。

自動車に搭載される人工偽脳、つまりAIプログラムについても厳密な審査が必要で、市販される自動車はそれに合格したものになるはずです。
　しかし、審査合格ずみのAIプログラムのICチップを、怪しげなICチップに交換する人が登場することも懸念されます。パチンコ台の玉の出方をコントロールするチップを自分勝手に交換するようなもので、ICチップを交換すれば**もっとスピードが出る自動運転ができる**、というような事態になるかもしれません。
　将来、人工偽脳が悪用されることも考えておく必要がありそうです。

3. 会話型ロボット

3.1　対話型ロボットの原型

　ロボットの開発はいろいろな分野で進められています。2足歩行の人間型ロボットもかなりのレベルに達していますし、産業用ロボットは昔から実用化されています。

　ここでは人工知能ソフトがすぐ役に立つロボットとして、会話をするロボットについての話をします。医療用や自動運転と違って、一般の開発者が参入しやすい分野です。

　対話型ロボットの原型は昔から存在しました。ただし、今と違って人間と音声で会話はできず、コンピューターの端末から人間が入力して、コンピューターがプリント用紙に出力を出すという昔風のものでした。

　この原点はアラン・チューリングさんにあり、**チューリングテスト**という人工知能のレベルを判断するテストが（人工知能の学問分野では）有名です。人間の知性まで考えた場合は複雑になりますので、ここでは（学術的には不十分かもしれませんが）チューリングテストを簡単に説明します。

●図3.1 チューリングテスト

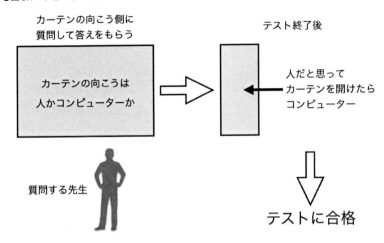

　テストをする先生と、**カーテンの向こう側に人間あるいはコンピューター**がいるとします。先生はこの人間あるいはコンピューターに「質問をして答えをもらう」というテストをします。所定のテストをすべて終えたあと、先生が「向こう側にいるのは人間です」と判断できれば、人間の代わりをしていたコンピューターは**チューリングテストに合格**となります。アラン・チューリングがこのテストを提唱した時代以降、現在まで、このテストに合格したロボットはありません。数年前、13歳のウクライナ人に合格した人工知能が話題になりましたが、真偽のほどは不明です。

　日本で13歳といえば中学卒業ぐらいですから、平均的な中学卒業程度の人工知能が登場してもいいのですが、そういうプロジェクトがあるのかどうかは知りません。戦後日本が連合国に占領されていたとき、アメリカのマッカーサー元帥に「日本人の精神年齢は12歳」と言われたのをよく覚えています。アメリカ人の精神年齢が何歳か知りませんが、チューリングテストをする質問項目もきちんと検討する必要があります。

3. 会話型ロボット　35

人工知能は会話ができますから、あるレベルの人間の代わりができます。

　第1次AIブームのころから比べると、人間の話す言葉を認識する技術が格段に進歩して、スマホでAIソフトと会話するまでに至っています。ですから、受付やショールームなどでロボットが人間相手に話をしても、平均的な人間以上に丁寧に応対できるでしょう。

　ただ会話する内容が日常会話を超える場合、ロボットはまだ相手と詳しい会話ができるわけではありません。賢いロボットの開発はこれからになるでしょう。

　究極目標はチューリングテストに合格するロボットですが、それは大変な話なので、分野を限定して、その代わり専門知識では成人以上、できれば専門家程度のロボットにしないといけません。

　受験産業であれば、塾の先生にはなれるように思いますし、インターネットで会話できる受験科目ごとのロボットは十分考えられます。ロボットの後ろにビッグデータがあれば、複雑な問題でも直ちに答えを示してくれるでしょうし、まともな人工知能ならば、生徒が「どうしてですか？」と質問したら、その理由も言ってくれるはずです。

　IBMの人工知能「ワトソン」は、初期の段階でクイズ番組に登場して優秀な成績をあげたようですが、出題する人間もビッグデータを参照して問題をつくっているはずですから、人工知能も人間もお互い同じようなことをしているだけ、と思いました。

　医療分野や自動車と違って、会話を主とするロボットならば、免許制度と関係なく開発可能です。

3.2　人工知能プログラミング

　では、人工知能向きのソフトつまりプログラミング言語は何がいいでしょうか。

第1次AIブームのときは、Lisp、Prologのほか、いくつかのProduction System言語（例えば、OPS83）がありました。

今回のブームでも研究室レベルではLispも使われていますが、一般向きには**Python（パイソン）**あたりが好まれているようです。というのも、ふつうのプログラミング言語としては、システム開発用にはC言語、インターネット開発用にはJavaという定番があります。

とくにインターネット時代になってからは、Perl、Rubyなどに加えて、前述のPythonも登場しました。統計処理であれば**R言語**というのも人工知能で使われるようです。

LispやCは汎用プログラミング言語ですが、アプリケーションを急いで開発したい場合は人工知能向きのライブラリ、つまり**ディープラーニングなど機械学習用のライブラリが必要**です。テスト用には（IBMのワトソンのように）ネットで試すこともできます。とくにWebサービスなどのアプリに機械学習を使いたいという人にはPythonがお勧めです。

これらのプログラミング言語については専門書をご覧ください。

この会話型ロボットのAIソフトは（ニューラルネットがパターン認識などに使われることがあっても）、会話を教える方法は第1次AIブームで使われたエキスパートシステムが参考になります。会話のもとになる言語には、厳密には構文解析、意味解析などが必要ですが、ここでは省略します。

●図3.2　エキスパートシステム（自著より）

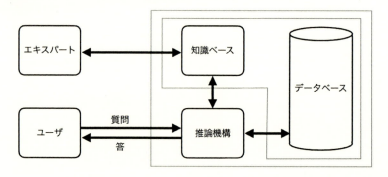

　エキスパートシステム（図3.2）は知識ベース、データベースと推論機構からできています。知識ベースとは知識（推論）の集まりのことで、「AならばBである」という推論規則を専門家が予め入力します。会話型ロボットの場合、製造した会社の人が知識ベースをつくっています。なお、データベースは昔と違って、今ではデータはインターネットから得られますので、ロボット自体にビッグデータを持たせる必要はありません。推論機構は推論の作用をするAIプログラムのことです。

　ユーザーというのはロボットの利用者で、家庭のAIスピーカーやスマホのAIソフトの場合は利用する個人が相当しますし、受付にあるロボットの場合はお客さんがユーザーになります。昔のエキスパートシステムでは、コンピューターとキーボードでやりとりしていましたが、昨今は音声で応対するのがふつうになっています。

　会話型ロボットをエキスパートシステムとして見た場合、昔のエキスパートシステムと違って、データベースに応対者（ユーザー）のデータを格納する機能があることでしょう。

　受付ロボットがお客さんに
「こんにちは、どなた様でしょうか」と聞いて

「田中浩二です」という返事が返ってきたら、
「田中浩二様ですね、しばらくお待ちください」と続け、次の作業に移る前に田中浩二の名前と同時に、田中浩二の顔もスキャンして、名前と顔をデータベースに格納します。
　そうすれば、次回からは
「こんにちは、田中様ですね」
から始めることができます。

　ロボット分野でのAIソフトの導入はあらゆる分野で考えられます。つまり、AIプログラムを書けばいいので、それほど特別なプログラミング技術がなくても、開発可能です。ここでは、まず人工知能プログラムを（自動運転にならって）レベル付けしてみます。なお、これは筆者の独断によるものです。

《レベル0：ふつうの人工知能なしのプログラム》
　誤解を生むといけませんので注釈します。世の中にごまんとある優れたプログラムも人工知能プログラムでない、というだけです。レベル0は「人工知能ではないプログラム」という意味なので、レベルOutsideのO（オー）だと思ってください。

《レベル1：知識（推論）が使われるプログラム》
　知識すなわち推論が明示できるプログラムとしたいのですが、ニューラルネットワークのプログラムでは形式としては推論になっていても、「風が吹くと桶屋が儲かる」というような因果関係が明示できるとは限りません。しかし、なんらかの推論（帰納推論のようなもの）はありますのでレベル1とします。今回の第2次AIブームではニューラルネットワークつまりディープラーニングが使われますから、事例すなわち経験からの推論が主流になりつつあります。

《レベル2：知識（推論）を説明できるプログラム》
　知識が使われたときに、その推論過程をしっかり説明できるプログラムです。人工知能プログラムで「予期しない結果」が出たとしても、その理由が説明できます。
「**風が吹くと桶屋が儲かる**」の場合、次のような推論が使われています。3段論法が7段論法まで膨らんでいます。

1. **風が吹くと、土埃が立つ**
2. 土埃が目に入ると、（目を痛めて）盲人が増える
3. 盲人は三味線を買う
4. 三味線に使う猫皮が必要になり、ネコが殺される
5. ネコが減ると、ネズミが増える
6. ネズミは桶をかじる
7. 桶の需要が増えるので、**桶屋が儲かる**

　このような推論結果を人工知能が示したとき、「こじつけ」とするか、「思いつかないような新鮮な結果」とするかはユーザー次第です。
　推論には演繹、帰納、アブダクションなどがありますが、そのどれかで説明できればいいとしておきます。

《レベル3：知識（推論）を追加・除去でき、その理由を説明できるプログラム》
　人工知能ソフトを使ってプログラムを開発している人は途中でいろいろなデータが入ってくると、それを見て推論を追加したり、除去もします。推論には「××すると××という悪い結果になる」というタイプの推論も必要です。まずいことをしないようにするために入れておかないといけません。追加・除去の理由の説明という表現は曖昧ですが、一般に分かる程度ということにしておきます。
　レベル2までと違うのは、**使用中に知識が増えるかどうか**、です。自動車メーカーのつくる自動運転の場合、プログラムを（SDカードのよう

な）ICチップに入れてしまい、リコールのとき以外は固定した知識になりますから、ユーザーから見ればレベル3ではありません。しかし、開発者は異常が起きないかを注視しているはずですから、メーカーには当然レベル3以上のプログラムがあるはずです。

　クイズの得意な人工知能はどうでしょうか。知識が増えていくAIプログラムならばレベル3ですが、増加していく知識だけでなく、すでにある知識を説明できるかどうかは気になります。うまく説明できない場合は、レベル2も怪しくなりますから。

　そういう意味でクイズに即答を求めるバラエティ番組向きの人工知能としては面白いのですが、AIプログラムの客観的な評価としてのレベルは高くないでしょう。

　データは知識の特別な例になります。推論する知識の一般形は「**Aならば B**」ですが、**前提のAがなくても**「**B**」**となるのがデータ**だからです。ですから、レベル3からデータが増えることになりますが、インターネット接続があたりまえの時代ですから、レベル1やレベル2でも莫大なデータは備えられています。レベル3からは、知識（推論）に加え、そのAIプログラムに特定されるデータも増えるわけです。もちろん、データが除去されることもあります。

　プログラムのユーザーが知識（推論）の追加・除去を行ったとき、データの追加・除去の説明はそれなりにできると思うのですが、推論の追加・除去はどうでしょうか。プログラムからの説明だけでは不安があり、人間の判断と照合できるようにする必要がありそうです。

《レベル4：知識（推論）を**自動的に追加・除去でき、その理由を説明できる**プログラム》

　知識を追加・除去して説明するところまではレベル3と大差はないのですが、自動的にできるかどうかは難しい問題になります。レベル3では追加・除去の是非を人間が判断できる余地を残していますが、レベル

4ではそれもプログラムに任せることになります。

　ここが難しいところで、人工知能プログラムを適用している分野をもっと広い立場で眺め、プログラムが出す結果の善し悪しを判断する必要があるでしょう。

　会社の会議などで人工知能プログラムを使っているとしても、結果の善し悪しを判断するのは、会議に参加している人間の役目になるでしょう。人工知能が議長になって結論を出すには、今回の第2次AIブームではムリだと思います。

　以上のレベル分けは人工偽脳のレベルを測ろうとするものですが、私見にすぎません。

　知識（推論）の量が増えるのはレベル向上に役立つと思うのですが、知識（推論）の質は評価に入っていません。この「質の評価」は大変難しい問題なので、レベル分けでは除外しています。

　それから、ディープラーニングもレベル付けには直接関与はしていません。ディープラーニングは学習精度の向上に大きく貢献していますが、AIプログラムの全体からみると、一部分（プログラムライブラリ）だと思われるからです。

　今回のAIブームで注目されているニューラルネットワークの推論は、最初の入力から推論を重ねていくのではありません。つまり、「風が吹く」から「土埃が立つ」、……と順に推論するのではなく、「風が吹く」からいきなり「桶屋が儲かるのではないか」と仮説を立て、それをまた瞬時に「仮説は**ほぼ正しいだろう**」と結論づけます。

　難しい言葉で言えば、通常の推論を順次重ねていく**演繹**に対して、**帰納**という手段を使います。

　ニューラルネットワークのシステムは、人間の思考方法でいえば地道に議論を積み重ねるのではなく、**直感**で答えを出す帰納推論的なシステ

ムです。その結果、時には間違いもあるのですが、とにかく学習ずみのニューラルネットワークは処理スピードが速いので、急いで答えが欲しいシステムでは十分使えるのです。ただ、答えが出た理由を探そうとしても、そう簡単ではありません。

　学習結果で決まるニューロンの重み係数が「何故そういう値になるか」は分からないことも多いのです。誤差逆伝搬学習法でもそうでしたが、深層で複雑なディープラーニングではもっと分かりにくいと思います。答えが出てきた理由が不明でも、結果がよければいいのなら、クイズの解答と同じ。そんないい加減な人工偽脳を信じるかどうかはあなた次第ですが、なんらかの方法で答えの検証はするべきでしょう。

　自動運転の場合、視界のコマとコマの間の100分の1秒くらいの処理をニューラルネットワークはやってくれます。人間では処理できないスピードでも、学習ずみのニューラルネットワークは可能ですから、利用できる場合は使ったほうがいいでしょう。

3.3　会話型ロボットにおける人工知能プログラミング

　次に、会話型ロボット分野のアプリ場合、「どの程度の人工知能が必要か」を考えてみましょう。

《軽い人工知能》
　会社の玄関やショールームで挨拶を交わす程度のロボットならば、少々のジョークを飛ばす程度でいいでしょう。難しい質問には「すみません。よく分かりません」ですませるでしょう。こういう人工知能はどこでも（女性アンドロイドでも）導入されるでしょうし、レベル1の人工知能プログラムで十分です。商品の購買を勧める人工知能の場合、ユーザーの購買履歴などのデータさえあれば、十分対応できるでしょう。

　家庭用としては、玄関につけるインターフォンで挨拶するロボットに

も使えます。いろいろ勧誘に訪れる人にもそれなりに対応してくれるなら、手間が省けて便利だろうと思います。

　現在のAIスピーカーやスマートフォンで対話するAIソフトはこの段階にありますが、欲しいのは**ユーザーが受け答えを追加できる機能**です。オウム返しでもいいのです。対話しているAIスピーカーが「さぁ、わかりません」と答えたら、答え方を教えてやり、次回からは教えた答えをオウムのように答える機能です。

　「こう言われたら、こう答えるのよ」とユーザーが受け答えの規則を追加できる学習モードがあれば、家庭ごとに成長していくAIスピーカーになります。図3.2のエキスパートシステムでいえば、エキスパートの部分をユーザーにも開放させることです。もっとも、教えられた答えが2つ以上ある場合、「どっちの答えが正しいですか」とAIスピーカーが聞いてくれると助かります。

　こういうAIスピーカーが市販されると問題発言するAIスピーカーが生まれるかもしれませんが、それは持ち主の責任です。それ以前の問題としては、ユーザーが受け答えの規則を追加するときの操作上のトラブルも相次いで、製造したメーカーへの質問が多くなると予想されます。ここが一番普及を妨げる要因になりそうですね。

《並みの人工知能》
　並みという表現がいいのかどうかわかりませんが、もう少し分野ごとに専門知識を持つロボットを対象にします。この場合、ユーザーと専門会話をして、質問に対しては理由を説明する必要がありますので、**最低レベル2の人工知能プログラム**が必要になります。バイクであればバイクの知識、自動車であれば自動車の知識があり、質問者にはある程度は正しく答えないといけません。
「軽自動車では、どこのメーカーの車の燃費がいいですか？」
「そうですね、カタログによると、1位はA社、2位はB社です」

「評判ではどうですか？」
「カタログの数値には少し差がありますが、評判では両社とも同じようなものと言われています」
　このくらいの会話のできるロボットは最低必要でしょう。
　知識の量を臨機応変に増やすためには、インターネットで所定のビッグデータとやりとりできるようにしておく必要があるでしょう。そしてビッグデータを管理する基地局（サーバー）も当然必要ですし、当然ロボットには**レベル３の人工知能プログラム**が要求されるようになります。
「今日Ｃ社は新車を発表しましたね？」
「はい、××をＸ月Ｙ日から発売予定です」
など新しいニュースにも対応しないといけません。
　専門知識をどの程度にするかは微妙なところですが、ふつう人間同士が雑談するくらいのことは最低必要でしょう。
　つまり、業種ごとに登場するロボットには、専門知識を持っていることが「並」だろうと思っています。
　そのうち、テレビのクイズ番組にロボットも人間に混じって登場したり、またロボット同士で争うことも考えられます。

《優れた人工知能》
　もっと人間に近い人工知能を要求した場合です。Ａさんならば Ａさんの代わりをするくらいのロボットが一例です。とくにインターネットに接続されたパソコンでは、Ａさんが毎日しているメールの対応や、場合によっては、スカイプのビデオ会話モードくらいの対応をしてくれるロボットです。
　しばらく、ふだんの会話をして、それでＯＫならばおしまいですが、もし対応しているのがロボットだと気付いた相手が
「本物のＡさんは今どこにいるの？」
と聞いたら

3. 会話型ロボット

「じつはゴルフに行っています」
と答えないといけません。

あるいは、適当にごまかすように言われていたら、「ちょっと所要で外出中です」ぐらいは答えるでしょう。

このような人間の代わりをするロボットも**レベル3**の人工知能プログラムでつくれるでしょう。仮にAさんが亡くなったとすると、弔問に訪れた人にAさんのロボットは遺影の後ろから「よく来てくれましたね」と挨拶して、雑談するかもしれません。

ロボット自体は2足歩行も十分できますから、諸方面で実用化されつつあります。

これに**レベル3程度の人工知能**が搭載されると、**賢いロボット**となります。

介護分野や災害時に救済に現場に向かうロボットも知能の高いほうがいいですし、施設の監視員ロボットは知能と力の両方を備えたロボットになるでしょう。

日本の場合、軍備に使われることは当面ないでしょうが、警察では使われるかもしれません。交番のおまわりさんロボットは好まれるでしょう。機動隊では頑丈な警備ロボットとして登場するでしょうから、デモによく参加する人は気をつけないといけません。

レベル4の人工知能プログラムについては、まだまだ問題が多いのです。**人間のようにオンライン的に賢くなる人工知能**ですから、研究中というべきでしょう。今回のAIブーム中に、人間と対話するロボットにレベル4の人工知能を搭載するのは難しいでしょう。

知識の増加はできても、増えすぎた知識の中から、ロボット自身が良否を判断して取捨選択までできるようにするのは困難だろうと思います。

動き回るロボットについては省略しましたが、ロボットの動きに人工

知能をプラスするのは、考え方としては自動車の場合と同じです。空を飛ぶようなロボットでなければ、自動車と同様、地表での動きですから。

　鉄腕アトムのように高速で空を飛ぶロボットになると、現状の人工知能では追いつかない難しさがありますから、将来起こる第3次（学術的には第4次）AIブームでの話としておきます。

4. ビジネス分野

4.1　ビジネス分野の人工知能

　あらゆるビジネス分野で人工知能は役立つはずです。すでに就活では、第1段階の書類審査を人工知能がやっている会社があるようです。以前、まだインターネット応募ではない時代ですが、某大手自動車メーカーの人事担当の人が「5人で××万の書類を見ているのです」と言っていました。インターネット応募の現在では応募数はこの何倍かになっていますから、人手で処理する限界を超えているでしょう。どの会社でも、人工知能とまでいかなくても、コンピューター処理はされるはずですから。加えて莫大な数の応募シートはビッグデータですから、例えばA、B、C、Dに分類しなければいけません。さらにユニークなものはUとして分類されるかもしれませんが、こういう分類に人工知能ソフトは役立ちます。

　書類審査の次の段階、面接も人工知能は得意です。インターネット面接で人工知能が使われることもあるようで、事前面接は会話型ロボットで十分かもしれません。

　このように、お客さん相手に使用される人工知能は**会話型ロボットの一種**です。

　しかし、ビジネスすなわち経済分野という専門性の高い分野のロボットの場合、思考も必要になりますから、人工偽脳の観点で考えてみましょう。

　まず、ビジネスロボットに聞いてみます。
「この1か月くらいで儲かりそうな投資先はどこかな？」
「ここのところ経済は低調ですから、無理をするとリスクは大きいですね」

「では、どうしたらいい？」

「……投資信託でどうですか。利益は小さいですが、リスクも小さいです」

　証券会社の窓口で相談するようなことはロボットが対応してくれるでしょう。これはせいぜい中程度の人工知能なので、あちこちに設置されそうです。

　もう少しレベルの高いロボットに、昔CMで一世風靡した一節を聞いてみます。

「『みじかびの　きゃぷりきとれば　すぎちょびれ　すぎかきすらの　はっぱふみふみ』、これはどういう意味ですか？」

「大した意味はありませんが、昔大橋巨泉という人が流行らせたフレーズです」

　ビッグデータを参照するロボットでしたら、このくらいは答えてくれるでしょう。

　楽天もネットセールスに人工知能を導入するようですが、購入者を対象にするロボットはこのビジネスロボットの延長上にあります。

4.2　思考するビジネスロボット

　次に本格的な**ビジネスロボット**B君を考えてみましょう。B君はお客さん相手のロボットではなく、会社のメンバーの役割をするロボットです。B君はビッグデータをもとに、会社のメンバーにいろんな分析結果を提示してくれます。

　新企画を考える会議では、メンバーに新しいアイデアを出すB君の人工知能はどうなっているのでしょうか。

　こういうタイプのニューラルネットワークとしては、**ART**（Adaptive Resonance Theory）**ネットワーク**あるいは考案者の名前をつけたグロスバーグ・ネットワークというのがあります。このARTネットワークの特徴はディープラーニングで使われる多層型ニューラルネットワークと

違って、教師なし学習のニューラルネットワークです。

　ここで**教師つき学習**と**教師なし学習**を簡単に説明しておきます。
　パターンの学習例として、A、B、……アルファベット26文字のパターンをニューラルネットワークに教えるとしましょう。
　Aを入力して、「これはAだよ」と答えを教えるのが**教師つき学習**です。ですから、アルファベット26文字のパターンを教えようとすると、全部の文字パターンを教える必要があります。そして、26文字を覚えたニューラルネットワークに、例えば少し汚れて判定しにくいJを入力しても、「それはJです」と答えてくれるのです。
　一方、**教師なし学習**では、最初にAを入力しても、答えを教えませんから、ニューラルネットワークは「パターン1」として認識します。次にBを入力すると、「これはAとは違うパターン」と判定して「パターン2」として認識します。こうやって26文字をパターン1からパターン26までのパターンとして学習します。そのあと、パターン1はA、パターン2はB、……と対応させるのは簡単にできます。結果的には、26文字の認識では教師つき学習と同じようになりますが、ARTネットワークの場合、「2つのパターンが同じか違うか」を決めるのはパラメータで調整できます。したがって、パラメータを細かくすると、Aを学習したのち、少し形の違うAを入力すると、別のAと判定され、A1、A2、A3、……のように細かい分類もできます。同じAでもフォントの形でいろいろ区別するようなものです。
　思考するニューラルネットワークとしては、**教師なし学習**のほうが適しています。
　ARTネットワークはパターン認識などを対象にしていましたが、筆者はARTネットワークを進展させて思考するネットワークとして扱うことにし、処理のフローとして描き直します。

●図4.1　思考するニューラルネットワーク

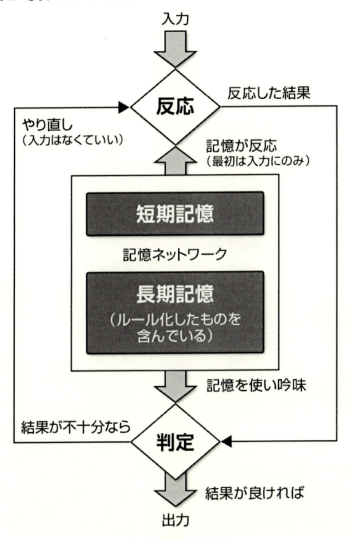

　ARTネットワークの原理は難しい数学モデルですので、簡単に説明するために、偶然見かけた「脳内ポイズンベリー」という映画の宣伝での

表現を参考にします。

　脳の中では、目、耳などから入力があるとなんらかの「反応」をして、結果を出します。たった一発でいい結果が出るわけはないので、結果を吟味してまた反応します。この反応をさらに何度も繰り返して、「まぁ、いいか」というところで、本当の結果を出します。

　ARTネットワークは短期記憶、長期記憶を結合したシステムですが、映画「脳内ポイズンベリー」では分かりやすく脳内で会議をするという話になっていて、会議で検討するファクターを、ポジティブ、ネガティブ、衝動、記憶、理性の5つにしていました。

　ARTモデル的には、「記憶」が短期と長期に分かれ、「理性」は長期記憶の範例からとなりそうです。「ポジティブ、ネガティブ、衝動」は短期記憶に依存して、数学モデルではパラメータのような扱いになるでしょう。ここは文学と理学での立場の違いかもしれません。

　実はこの映画の本編は見ていないのですが、映画の宣伝を見て、「映画製作者も研究者だな」と思いました。

　いずれにせよ、人工知能ロボットB君はビッグデータからの分析結果をもとに、あたかも会社のメンバーの一人になって、新企画を考える会議では

「新企画としては……はいかがでしょうか」

と提案するでしょう。

　ARTネットワークは先に述べたように、教師なし学習をするニューラルネットワークです。1980年代では、目で見た文字の認識をセルフで学習するシステムとして提唱されました。第1次AIブームの終了後2000年代になって、筆者はこれを脳で思考するようにさせるモデルにすると、創造性のあるニューラルネットワークまで拡張できると思いました。

　ですから、**ユーザーの思考を補助する人工知能ロボット**に適しているのではないでしょうか。

人工知能ロボットは教育分野で大活躍するでしょう。

　人工知能ロボットの応用分野の1つとして考えられるのは、不埒な言い方ですが、**教育ビジネス**です。先生の代わりをするロボットですが、教員免許を受けさせてもらえないでしょうから、塾の先生のような役割になります。ロボットに教えてもらう学生さんが「そこはちょっと違うのでは？」と言うと、「ちょっと待ってください、考えますから」と答えてから「ああそうでした。キミのほうが正しいですね」なんて人間味のあるロボット先生も登場するかもしれません。というのも、先生は教壇に立って教えることで、勉強をしているのです。予習はもちろん、授業をしながら、あるいは授業が終わってから、「あそこはこういうふうにすべきだった」と反省します。将来、反省するロボットの登場することを期待します。

　国立情報学研究所（NII）と富士通研究所などの共同研究であるロボット「東ロボくん」が代々木ゼミナールの模擬試験で偏差値60を獲得したと報道されていますが、受験目的であるのとちょっと大がかりなので、家庭向けという段階ではありません。パソコンをインターネットに接続するだけで、教科ごとに授業を担当できる人工知能ロボットのほうが普及するように思います。簡単なディスプレイや会話で授業する段階ならば、スマホでもできるでしょう。英語担当であれば「英くん」、国語担当ならば「国くん」、……という名前のロボット先生でどうでしょうか。

　そして入学試験が近づいてくると、目標とする大学の学科ごとに受験生を支援するロボットも登場する時代がくるような気がしますが、ここまでは受験生のためのロボットです。

　しかし、大学でも先生の代わりをする人工知能ロボットも登場するでしょう。

　大学では教養科目と専門科目がありますが、教養科目は人工知能ロボットでかなりカバーできるような気もします。もちろん専門科目でも、授業の前半くらいはロボットに任せ、先生が後半を（質問を中心に）担当

するような授業形式もあり得るでしょう。

　これからの入学試験問題は人工知能ロボットがつくるようになるかもしれません。

　一般的に言えば、先生は受験生の上をいく必要がありますが、先生は担当する教科を対象にしています。自分の受け持つ教科以外は苦手な先生もたくさんいます。一方、受験生のほうは多くの教科を受けているので大変ですが、仕方ないでしょう。

　クイズ番組では解答者より出題者のほうが上をいくように、試験問題の作成者は十分な知識、見識が必要です。通常入試問題は複数人でつくります。仮に1人で問題をつくっても、その分野に精通した何人かが問題の妥当性を検討するはずです。試験問題、とくに入学試験問題の作成は重労働なのです。もし入試問題に間違いがあれば、世間からこっぴどく叩かれます。

　人工知能ロボットは問題をつくるのは得意です。ビッグデータから過去問を整理して、どういうタイプの問題をどの程度の難易度でつくるかを決めると、ほぼ要求通りにつくってくれます。入試問題は過去問と類似になることも多いのですが、まったく同一になるのは困ります。しかし、人工知能はそんなミスはしないでしょう。この点は人間より優れているはずです。

　そして偏差値××クラスの人が受験した場合、正解する確率は××くらいと見積もってくれるでしょう。過去問についてのデータをきっちりビッグデータとして管理しているという大前提はありますが……。

　これまでにない新しいタイプの入試問題をつくろうとしたときも、人工知能ロボットは
「……という問題はいかがですか」
と言って支援してくれるでしょう。

　もちろん、意味のわからないような問題も提案してくるかもしれません。これは創造性を追求しようとする場合、ロボットは提案はしても、

その価値判断にはまだ自信が持てません。疲れを知らない働き者なので、過去問に似た問題をつくる能力は人間以上ですが、創造性では人間のほうが上をいくはずです。

複数の大学内で過去問を融通しあうことが検討されているようですが、過去問のレベルならば人工知能に任せる方向でいかがでしょうか。

インターネットは人工知能のテスト場になりますが、問題もあります。

グーグルなど検索エンジンは過去の検索履歴を参考にするという意味では、ずっと以前から人工知能技術を使っています。これは「ユーザーのため」という大義名分を言っていますが、不都合な検索をさせまいとする人権侵害でないか、という問題も提起しています。

SNSに登場させて、物議をかもして退場となったマイクロソフトの人工知能ロボット「Tay」の例もあります。少なくとも「人工知能だから大目に見よ」という姿勢はおかしいでしょう。社内で十分実験をして、責任を持てる段階で公開するべきです。

人工知能は大阪弁でいう「まねし」なので、誰かが言ったことをそのまま真似して言ってしまいます。つまり、それにどういう意味があるのか、を考えていないのです。考える人工知能をつくらない限り、不用意にネット公開してはいけません。

4.3　いろいろなビジネスロボット

ところで、ビジネスと言えば株取引を忘れてはなりません。

ビジネス分野でもっとも重要な株取引でも人工知能ソフトが使われています。

株取引ソフトは1990年ごろから導入され、今やコンピューターソフトなしでの取引は考えられません。このソフトは難しい数学原理を基礎としているので人工知能とは少し違います。しかし、今回のAIブームでの

4. ビジネス分野　55

ビッグデータ処理は株取引でも役に立つので、人工知能ソフトも使われ始めました。

大手の取引先がスーパーコンピューターでビッグデータを駆使しているとき、個人取引がパソコンレベルで対抗するのはムリです。パソコン用のAI取引ソフトに頼るのは危険だと思います。大勢の個人トレーダーが団体をつくって、大手と同じようなコンピューターを使うということは考えられますが……。

新聞や出版業界でも人工知能は活躍するでしょう。

新聞社の人には申し訳ないのですが、情報の第一報はインターネットに及びませんから、翌朝に新聞を読もうとするときは、「どういう観点から掘り下げた論調になっているか」という目で読みます。もちろん、敬意に値する記事も数多くあるのですが、見出しを見ただけで中身を読もうと思わない記事もあります。

それに全体の構成に必ずしも同意できないケースもあります。NIE（Newspapers in Education）というのは、記事1つ1つだけでなく、「全体の構成が適当なのかどうか」も学生さんに考えてもらっているのでしょうね。もっとも、形式的なレイアウトはコンピューターが得意なので、すでに実用化されています。

新聞のレイアウトの持つ**意味（セマンティクス）**は各新聞社の偉い人の独壇場だと思います。大新聞は別にして、分野を限定すれば、人工知能がつくる新聞を発刊する会社があっても面白いのではないでしょうか。もちろん、生半可な人工知能ではダメで、新聞という紙面に発刊する人の意図を刷り込む必要があります。「なにがなんでもタイガース」という○○スポーツなどは人工知能向きのようで、大変参考になるでしょう。

出版業界については大変微妙で、新聞社よりもっと細分化されています。週刊誌は比較的大新聞に近く読者層は広いですが、月刊誌や季刊誌ともなると限定された範囲になっています。そういう意味では人工知能

向きですから、手間を減らすために人工知能も役立つと思います。ただし、売れるかどうかは別問題で、人工知能は参考レベルかもしれません。

もちろん、「人工知能なんか使う気がしない」という編集者も当然いるはずです。

興味深いのは、いわゆるワンマン出版社です。社長が毎日している内容を人工知能に教えるのです。そうすると、何年かすると同じようなことは人工知能もできるようになるでしょう。

「誰がどういう原稿を書くか」、時には「意外なところから原稿の提案がある」……など社長がやっていることを把握できるようになります。取るに足らない原稿を棄却するのは人工知能がやってくれるでしょう。

こういう出版社の場合、社長は順次人工知能に何％かの仕事を委譲できます。10％、20％、30％、……、そして100％委譲できる日がくるかもしれません。

そうすると、社長は出版業務のほうは人工知能に任せて、別の仕事を始めることもできます。時が経って、もし社長に万が一のことが起こっても、社長代理の人工知能は戦国時代の武田信玄の影武者と同じで、社長に何事もなかったかのように働いてくれるかもしれません。

自分のやっている仕事が人工知能に任せられるかどうか、を考えてみてください。

任せられるのなら、人工知能に任せて、自分は別の仕事をすればいいのです。将来、人工知能にとって代わられる業種のリストをメディアは報じたりしますが、個々について深く考えているとは思えません。もちろん、「自分は人工知能に任せられない」と思っていても、他人の目には「それは人工知能で十分できる」ということもあります。このため、人工知能の導入については議論をしっかりすることは重要です。

真っ先に人工知能に任せたほうがいいのは、お役所でしょう。

事務的な仕事を人間がやる必要はありません。民間企業では銀行などは

どんどん人工知能を導入して、人手でやる仕事を少なくするはずです。それはこれまでのコンピューター化の延長ですから、容易に推測できます。

ところが、できるだけ人工知能化を遅らせるのが、お役所だろうと思います。どうしてでしょうか？「それが、お役所です」とだけ書いておきます。人工知能ロボットでは、森友学園の建設予定用地のゴミ撤去に「8億円必要」という結論は出せませんから。

故人と話ができる人工知能ロボットはどうでしょうか。

亡くなられた方の葬儀の席で、故人が親しかった慰問客と生前のことを思い出して会話するロボットです。ロボットといってもパソコンのディスプレイに生前の故人の顔が示されます。そして慰問客を認識したロボットは田中さんに話しかけます。
「よく来てくれたね、田中さん。どうもありがとう」
「いや、君とはよくケンカもしたな」
「そうだったかな。ケンカといっても口喧嘩だよ」
「そうそう、口喧嘩だ」
「どうでもいいことを言い争ってたんだ。あのころが懐かしいよ」
　……

ひとり1〜2分程度でいいでしょう。

この稿を書いていたとき、ちょうど落語家の桂歌丸さんが亡くなられました。歌丸さんならば、慰問客といろんな話ができるだろうな、と思った次第です。

これからのビジネスとしては、葬儀屋さんと連携したAIソフト会社のビジネスが考えられます。故人の元気なうちに、30分くらいカメラの前でいろんなことをしゃべったDVDをつくってもらいます。このDVDと親しい人の顔写真などからAIプログラムをつくり、パソコンにインストールします。これは会話型ロボットのカスタム化でもあります。

費用としては、50万から100万くらいでどうでしょうか。この値段は

院号の相場くらいですから、それなりに依頼される人がいるのではないでしょうか。

　野菜など農産物づくりに人工知能と言われても、現時点では大したレベルの人工知能とは思えません。**生産をコンピューターで管理する**という程度のものでしょう。もちろん、地域の特殊性をきちんと統計処理できるAIプログラムがつくられるなら、人工知能の導入と言えますが。

　インターネットにつながったモノをIoT（Internet of Things）と言いますが、これからの家電製品の多くはIoTになるでしょう。

　家に不在のとき、どこからでもIoT製品をコントロールできますから、帰宅前にスイッチをオンにしたりして、便利はよくなるでしょう。こういうIoT製品に人工知能を搭載しようとする動きもあります。しかし、取扱説明書いわゆる**トリセツにプラスαくらいの人工知能では不安**があります。

　無人のときにIoTが火災事故などを起こさないようにするため、気の利いた人工知能でないといけないでしょう。というのはIoTはインターネットにつながれていますから、サイバー攻撃の対象になります。誰かが家の中にある電子レンジを勝手に操作するかもしれません。そういう危険な行為を止めるための人工知能であれば、意味があると思います。家庭において一番危険なIoTは自動車で、駐車場に停めているクルマをサイバー攻撃から守ってもらう必要があるでしょう。

5. 囲碁などゲーム分野

5.1　囲碁のためのAIプログラム

　人工知能を使ったグーグルの囲碁プログラム「アルファ碁」の強いことには感心しました。

　碁の場合、1コマつまり碁盤の目の数は19 × 19 = 361もあります。これはざっと自動運転の入力パターン（画像の概要とセンサー）より1桁以上大きくなります。自動運転のように瞬時の反応でなく、次の一手までの時間ですから、それなりの余裕はあるのですが、入力パターンの数以上に難しい問題があります。

　それは運転に例えますと、高速道路で**目的地まで逆走するような自動運転**を人工知能に要求することになります。勝負は正面衝突ですが、最終状態に至るまで、あちこちで小競り合いをします。これは画面のあちこちで自分にぶつかってくる相手がいるようなもので、（結果として）逆走するようなもの。逆走ですから、相手つまり対向車は自分にぶつけてくるように見えます。自分を負かそうとしているわけで、ふつうの運転のように、お互いぶつけないよう協力して運転するわけではありません。逆走運転ではちょっと隙を見せれば、大事故になります。これは勝負の世界では負けに相当します。碁の次の一手は相手に絶対負けないようにしないといけないのです。

　そして、アルファ碁と自動運転には人工知能技術としては共通点が見られます。自動運転のところで述べた**2段階の階層構造**です。1990年代に筆者が提案していたものの、当時はまだ実用化がムリだったシステムが、今回のAIブームでは本格的になったと感じています。第1次AIブー

ムとの違いは次の通りです。

- ニューラルネットワークは多層になり、**ディープラーニング**が導入された。
- 数値や記号だけでなく**パターン系列ビッグデータ**のもとでの**機械学習**が発展した。

●図5.1　パターン系列のビッグデータ

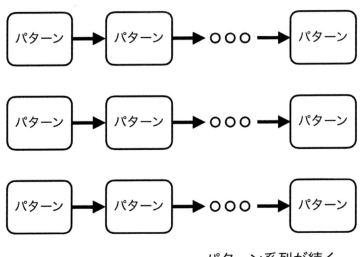

……パターン系列が続く

パターン系列が山ほどあるのが
パターン系列のビッグデータ

　まずはディープラーニングの対象になる**パターン系列**について考えましょう。
　自動運転とアルファ碁に見られる人工知能技術は次のようなものと考えられます。
　ディープラーニングで山ほどあるパターンの系列を整理します。自動

運転ならば映像パターン（とセンサー入力）ですが、碁の場合、19×19の碁盤のパターンです。

このパターンの系列は勝ちパターン系列、負けパターン系列、勝ち負けのつかないパターン系列に分類できるでしょう。このパターン系列の長さは自分と相手の両方がありますが、「何手先まで読むか」に相当します。車の運転の場合は4コマ漫画（あるいは、せいぜい8コマ漫画）程度でいいと思うのですが、囲碁は素人ですので、何手先までかよくわかりません。

車の場合もそうなのですが、4コマ漫画も考えられる次のシーンは何通りかあります。例えば、あるコマの次のシーンが2通りとするならば、2の3乗、つまり8通りのパターンが考えられます。

●図5.2　4コマ漫画で考えられるパターン系列

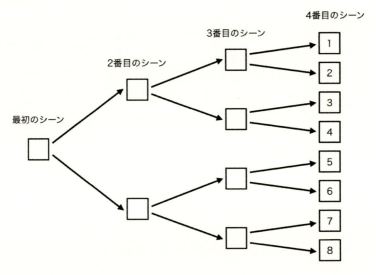

そして8通りのうち、ふつうの運転では避けるべきパターン系列は1つか2つで、あとは（多少の危うさはあっても）事故にまでは至らないで

しょう。もちろん逆走運転はなく、お互い同方向に進んでいく場合の運転を対象とします。

　一方、囲碁では碁盤の目が19×19＝361ありますから、碁盤に1つずつ白か黒の石を置いていく数だけ系列の長さがあります。中央にまず石を置くとしても、**残りのパターン系列の長さは360**です。途中コウ（交互に同じ目を取り合う形）でやり取りしたり、負けが分かったら早目に投了しますから、実際は360ではありませんが、概算としてはこれでいいでしょう。

　では、「次の一手としての候補が何通り」あるのでしょうか。次の一手も打つ手の選択肢がありすぎて困る場合があったり、ほとんど決まってしまう場合などいろいろ打つ手がありますが、平均としては10通りくらいとしておけばいいでしょう。そうすると、始めから終わりまで見通すには**10の360乗通り**を調べることになります。

　この10の360乗が「囲碁の手をすべて読むための手数の概算」として知られていますが、これはとんでもない数で、今のコンピューターがいくら進歩しても処理するのは不可能です。（将来量子コンピューターというのが登場すれば話は別ですが、量子コンピューターには触れないことにします。）

　人工知能ではすべての手を調べるような馬鹿げたことはしません。**始めから終わりまでのすべての手を調べる代わりに、これまでのプロ棋士の使った手をすべて学習して覚えておけばいいのです。**

　プロの棋士さんがこれまで体験したパターン系列を可能な限り調べて整理しておきます。そうすれば、見た目の判断ではなく、可能な限りの長さ（大局観）を持って、次の手を選ぶと、ほとんど負けないのです。

　体験したパターン系列からなる知識は**ビッグデータ**になりますが、これをもとに自己学習します。この機械学習には、強化学習というのが囲

碁でも有効なようです。**強化学習**の詳細は省略しますが、アメとムチみたい方法で人工知能に学習させるのです。もし負けたとしたら、それに打ち勝つ方法も次の対局の前に学習させます。囲碁でも今回のような人工知能を使わない（「クレイジーストーン」のような）コンピューター碁はありますが、知識を増加させられるアルファ碁は人工知能の良さを持っているわけです。

5.2　フレームベースの人工知能

　一方、将棋の場合はどうでしょうか。

　日本ではすでに数多くの優れた将棋ソフトが存在しますから、それらは尊重しないといけませんが、ここではフレームベースのAIプログラムという観点から再考してみましょう。

　将棋で考えられるすべての数は碁よりは少ないのですが、やはり現状のコンピューターではすべての手を調べきるのはムリです。ですから、将棋でも碁のように人工知能が使えそうですが、碁と比べると別の難しさがあります。

　碁は白と黒の石のパターンですから、ドット表現されたモノクロのパターンです。つまり、0と1のデジタル表現として扱えます。ところが、将棋は駒が王、飛、角、金、銀、桂、香、歩と8種類あり、（王以外は）相手方の陣地で成ると機能の増加した駒になり、将棋盤のパターンは、そのままでは0と1のデジタル表現には対応しません。

　つまり、いろいろな要素からなるパターンなので、ニューラルネットワークの入力としては扱い難くなるのです。

　碁がモノクロパターンとすると、**将棋はいびつなカラーパターン**なのです。

　パターンとしては、将棋は自動運転と似ているところもありますが、違いもあります。自動運転の場合、いろいろな要素のあるパターンでも、

安全性に直接関係ないものは無視して扱えますが、将棋は勝負の世界なので、そうはいかないのです。ずっと離れた先のほうにいる角が王様を狙っているかもしれません。

　複雑な知識を表現するAI専門用語として**フレーム**があります。乱暴な言い方をすれば、知識の枠組み、いろいろな知識との構造関係などを表現しようとするものです。経済分野で、世の中の仕組みまで考えようとする場合は当然フレームが必要になります。

　自動運転や碁のように、目的を限定した場合の知識は漫画の**コマ**のように表現してしまいましたが、将棋では**フレーム**のほうが適切かもしれません。将棋を人工知能としてどう扱うのか注目されますが、将棋は碁のように国際化されていませんから、たぶんグーグルもディープラーニングでは扱わないでしょう。

　話は変わりますが、「4.ビジネス分野」で述べた**株の売買もゲームのようなもの**ですが、囲碁や将棋とは異なるいろいろな問題があります。

　問題の1つは1対1の勝負ではなく、（個人から見ても）1対多の勝負になることです。

　もう1つは、株価のパターンは社名と株価に限定しても、複雑なパターンです。これは将棋どころではありませんし、会社の状況まで考えるとフレームそのものです。

●図5.3　フレームの例（ある会社の場合）

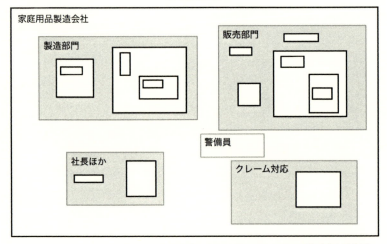

□はフレーム。フレームの中にまたフレームで複雑な構造

　社会の中で生きる私たちの頭の中にはいろいろなことが詰まっています。それをフレームとして眺めると、全体のフレーム（枠組み）の中に友達関係のこと、家庭内のこと、学生さんであれば学校のこと、会社員であれば会社のこと……など個別のフレームもあります。
　株取引する人のフレームはその1つです。
　そしてフレームは時々刻々変化しますから、それを人工知能で置き換えるのは大変ですが、目的を限定すれば、ある程度のことはできるようになってきました。**フレームの時間変化を学習するAIプログラム**はこれから盛んになるでしょう。

●図5.4　株取引するフレームのイメージ

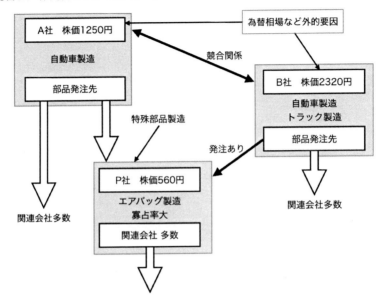

　社会の構造もフレームそのものなので、フレームに時間の流れがありますが、図5.4では表現されていません。

　人工知能の研究者は第1次AIブームの時点でも、フレーム問題をどう扱うかを議論してきました。概念間の関係に注目したセマンティック・ネットワークというものも提案されましたが不完全で、決定打のないまま現在に至っています。

　ニューラルネットワークの観点から、筆者は概念間の関係を位相構造として扱うことを提案しましたが、単なる一案にすぎません。フレームをコンピュータープログラムのデータとしてインプリメントしても、学習機能のある人工知能プログラムとそう簡単に融合するわけではありません。

フレームのようなものを、どうやって学習機能のある人工知能として実現するか、が大問題だと思います。

　今回のAIブームは、これまでの段階では、ニューラルネットワークのディープラーニングが強調されています。コンピューターの能力は以前のブームよりも格段に進歩していますので、ディープラーニングも実用化されました。しかし、人工知能本体の持つ問題、つまり複雑なフレームを扱う技術は依然未解決のままです。

　一方、2000年ごろから知識やフレームのさらに上の概念として、メタ知識とかオントロジーという言葉も情報の分野で使われ始めました。オントロジーはオブジェクト指向プログラミングでのオブジェクトの上の概念にもなるようですが、これからのAIを考えるには旧来のフレームのほうが分かりやすいように思います。

　今回のAIブームでは精度の向上という量的な進歩が目立ちますが、同時に人工知能本体の質的問題も向上することを期待しています。人間の脳にはフレームのようなものがあると考えていいでしょう。子供時代から大人に成長するにつれ、脳のフレーム構造は複雑になっていきます。そういう複雑なフレームの中にあるどこかのフレームがあるときは動作し、別の時間には別のフレームが動作します。ひょんなことから、奥のほうに隠れていたフレームが突然動きだすかもしれません。

　こんなややこしいフレームをAIが簡単に扱えるとは思いませんが、AIがつくる脳がフレームに近づくようになるのなら、人工偽脳も本物の脳に一歩近づくと言えるでしょう。

6. 作曲など創作分野

6.1　コンピューター創作

　昔から、創作にコンピューターを使う人は少なくありませんでした。こういうコンピューターによる創作にAIソフトが役立つでしょう。それはAIソフトが創作するというより、創作者の支援をするという意味ですが。

　分かりやすいのはコンピューターによる作曲ですので、まずこれを紹介します。

　作曲をはじめとする創作活動は、図のように**試案**と**評価**を繰り返す試行錯誤の連続になります。

●図6.1　コンピューターを使う創作活動

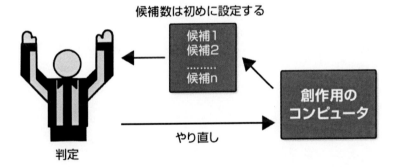

　この試案をつくるには、いろいろな方法がありますが、コンピューター作曲の場合、GAという手法を使うと便利です。

●図6.2 コンピューター作曲の例（クロスオーバーと突然変異を使う）

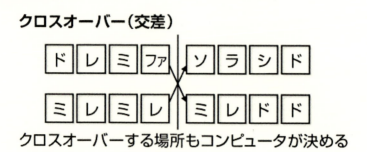

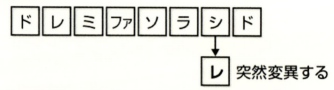

　GA（遺伝的アルゴリズム、Genetic Algorithm）は現在の遺伝子列からクロスオーバーと突然変異により新しい遺伝子列をつくります。
　作曲の場合、楽譜が遺伝子列と思ってください。クロスオーバーは2曲を並べておき、適当なところで切れ目を入れ、上の曲は下の曲へ、下の曲は上の曲へ移るようにします。切れ目は乱数で決めます。（説明のために曲はごく短くしています。）

　【上の曲】ドレミファ　　ソラシド
　【下の曲】ミレミレ　　　ミレドド

切れ目がちょうど真ん中になったとしますと、新しい2曲は

70　6. 作曲など創作分野

【上の曲】**ドレミファ**　＋　ミレドド
　　　【下の曲】ミレミレ　　＋　**ソラシド**

つまり「＋」のところで上下それぞれがクロスオーバーして新しい（かどうかは別にして）2曲になります。

　突然変異（mutation）は

　　　　　ドレミファ　　ソラシド

ならば、適当なところで音符を別の音符に変えます。この変更する場所も乱数で決めます。

　例えば7番目のシがレに変わって

　　　　　ドレミファ　　ソラレド

という曲になります。

　こんな作業をしますと、最初、例えば10曲くらいでスタートしても、次の段階ですでに10×10、つまり100曲くらいつくられます。ですから、この試案の100曲をまた10曲くらいに絞る必要があります。この絞り込みをするのが評価ですが、この**評価**が大問題なのです。

　こういうコンピューター作曲では、初めに種となるフレーズをそれなりに用意します。誰かの曲（バッハ、ベートーベンなど）から10曲ぐらいを最初に設定していますから、評価はバッハ70％、ベートーベン20％、その他10％くらいの感じの曲ができあがるのを期待することになります。つまり、好みが入らないと、評価のしようがないのです。もちろん、コンピューターをただ道具にするだけで、毎回自分で評価する方法もありますが、とてつもない時間がかかります。そうするくらいなら、自分でピアノを弾きながら作曲をしたほうがいいのです。

　結局、コンピューター作曲では試案を出すところより、判定するところ、つまり評価をするところが問題でしたので、ここに人工知能を導入することが考えられます。しかし、GAでやみくもに試案をつくるところにも問題があります。ある程度まとまったものを試案でつくっておく

なら、判定ももっと楽になるはずです。

●図6.3　判定をAIソフト（GP）に任せる方法（自論文より）

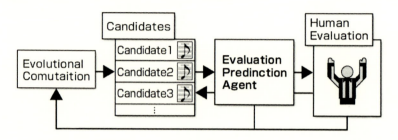

　まず試案はHMM（隠れマルコフモデル、Hidden Markov Model）というパターン生成モデルでつくり、判定のところでGP（遺伝的プログラミング、Genetic Programming）を使います。図6.3は図6.1と左右が逆になっていますが、Evaluation Prediction Agentの部分で判定し、ここを合格したものをユーザーに示すようにしています。実は、GAでのコンピューター作曲を1990年初めに始めた筆者は2000年代に入ってGPによる作曲に変えました。この結果、それなりにもっともらしい作曲例もつくることができました。「バッハがつくるような曲」というのを研究会で大学院生が発表したとき、音楽専門の先生から「似ているが、最後に終わる音はバッハとは違うね」という指摘ももらいました。筆者は音楽が好きですが、趣味レベルなので、専門のことは専門家にお任せする以外にありません。

　作曲家はそれぞれ曲をつくりだす個性を持っていますから、メロディ生成のくせのようなものをHMMで表現します。そして、莫大な数の試案をGPで絞り込むことでかなり現実的になります。もっとも、GPも1つでなく複数用意します。なお、GPのプログラムはLispで書きます。余談ですが、1998年GPの創始者ジョン・コザ先生（スタンフォード大学）

をたずねたことがあります。当時最先端の並列スパコンを見せていただくためでしたが、このスパコンは大学にはなく、郊外のご自宅にありました。

●図6.4　GPにおけるクロスオーバー（自論文より）

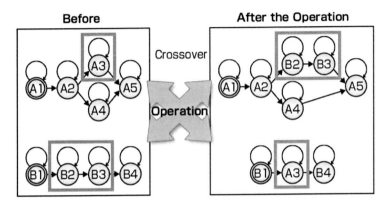

　こういうコンピューター作曲に人工知能を導入するのは、2000年ごろはまだ消極的でしたが、現在ならば十分成算があると思います。ただ難点はこれまでの作曲家と似たようなものをつくることになることです。バッハ、ベートーベンなどにエリック・サティのような現代的なものを混ぜることで、若干ですが面白いものもつくれますが、「似たようなもの」になります。

　ちょっと観点は違いますが、リミックスという方法でサウンドをクリエイトするテクニックもあり、よく使われています。つまり、すでにシンセサイザーなどにある曲を混ぜこぜにして、一見新しそうな曲にするテクニックです。10年くらい前の話ですが、「Paraboliques-Remix は The Open Form as Remix?」かと、ある音楽関係の国際会議でイギリス（ミドルセックス大学）の先生が言っていました。リミックスは、自分の曲を

ベースにする場合はいいのですが、他人の曲を使うと著作権の問題があるような気がしました。リミックスそのものは人工知能には関係しないテクニックですが、リミックスされた曲を評価して、著作権を侵害しないように曲を選択するところでは、AIプログラムは有効だろうと思います。しかし、いずれにせよ、過去の曲の真似ごとの域を出ないでしょう。

　AIオリジナルな曲づくりはどうすればいいのか、現時点では、まだよく分かりません。

6.2　コンピューター創作の問題点

　まったくオリジナルな作品を創生するのは、現在の人工知能ではまだ難しいでしょう。

　一方、これまでの作品にヒントを得て作曲するというのは、よくある話です。

　例えば、すぎやまこういちさんはドビュッシーの「亜麻色の髪の乙女」から同名のポップスをつくりました。原曲は「前奏曲集第1巻より」の中のごく短いもので、これを出だしのメロディでは使っていますが、サビは完全にすぎやまさんのオリジナルです。2000年代になって島谷ひとみさんのカバー曲で聴かれたかもしれませんが、1960年代のGS（グループサウンズ）全盛時代にヴィレッジ・シンガーズが最初にこの曲を唄いました。

　筆者はこれに習って1990年代に、同じくドビュッシーの「月の光」からヒントを得て、「月の光の物語」という昭和ポップス演歌をつくってみたことはあります。

　現在の人工知能技術ならば、同様のことがコンピューターで可能になるかもしれません。

作詞や（小説のような）文章の創作も同じようにできますが、作曲と同様の難しい問題がありますので、現在の人工知能では限界があると思

います。

　コンピューターの進歩は**初音ミク**のような音程つきの発声も可能にしていますが、まだ生の人間の唄うような発声にはなっていません。しかし、人工知能のパターン学習が進めば、実在する歌手あるいは過去に実在した歌手が与えられた音符を歌う人工知能歌手が実現すると思います。

　つぎの第3次人工知能ブームでは、エルビス・プレスリーが美空ひばりの「川の流れのように」を歌うかもしれません。

●図6.5　頭にBCIを装着

　BCIとはBrain Computer Interfaceのことです。脳波を測定する装置と同じで、BCIを装着すると、人間の脳からの信号をコンピューターに入力することができます、

　そうすれば、コンピューター創作活動で判定作業をする場合、ある一定程度まで人間が作業しますが、この作業を人工知能プログラムに教えるようにします。すると以降はAIのビッグデータ処理と同じで、試案が莫大になってもAIが判定器になりますから、人工知能が人間の作業の代わりをしてくれるでしょう。

　このアイデアは創作活動だけでなく、会話型人工知能やビジネス分野でもかなり役立つと思っていますが、BCIの実用化にはまだ時間がかかりそうです。というのも、医療用に使う脳波測定器は設備も大きく高価なものです。また（ソフトバンクが買収した）イギリスの半導体企業ARM

は脳に埋め込むチップ（SoC、System-on-a-chip）を開発しているようですが、帽子くらいの手軽なものは、試作はあってもまだ普及には至っていないのです。しかし、人工知能に利用できるBCIはそのうち登場するだろうと期待しています。

　筆者は脳科学者ではありませんので、脳のことは外から眺めるだけです。AIで実現しようとすると、どうしてもフレーム系列での実現がいいと思っています。人間の真の脳の系列を真似して、人工偽脳をつくるという案です。

　創造ができる人工知能となると、人工偽脳ではなく、**人工知創**となりそうです。ただ人工知創が実用化されるには、まだまだ時間がかかると思っています。

7. 法律、特許・商標権・著作権など

7.1　法律ロボット

法律分野への人工知能の導入は十分意味があると思います。

　もともと法律は難しい文章で書かれていますから、専門家でないと正しく読むのは困難です。しかし、コンピューターの進歩のおかげで、ふつうの文章だけでなく、法律のような文章もコンピューター処理できるようになりました。そうなると、これまでの裁判で登場した**山ほどある判例から必要なものを探し出す**のは、人工知能が得意です。もちろん、判例をビッグデータとしてコンピューター管理しているのが大前提です。

　こういう人工知能は司法試験をめざす人にも役立ちますし、検察官、弁護士、裁判官の方々にも参考になるのではないでしょうか。ウィキペディアのようにインターネットでも見れるといいのですが。

　人工知能の**推論**では、標準は**演繹**、「AならばB」、「BならばC」のとき「AならばC」となる三段論法です。時によっては、前提Aから先に結果Cを仮定してから、推論の正しいことを示す**帰納**も役に立ちます

　さらにルールと結果から、ケースを求める**アブダクション**というのもあります。

　　「AならばB」、「BならばC」のとき　ケース1

　　「DならばE」、「EならばC」のとき　ケース2

としますと、結果がCでも下のルールを使っているとケース2になります。この場合、同じ結果でも前提がDのケースを扱うことになります。前提Aと前提Dのどちらが適切かの判断は別途行う必要があります。

裁判員制度になってからは、法律の素人でも裁判に参加するようになりました。この場合、裁判員にいろいろな資料は提供されるでしょうが、裁判員には裁判支援AIロボットのようなものがあればいいでしょう。法律のこと、判例のこと、……等々、AIロボットに聞くと答えてくれるでしょう。

　重要なこととしては、政治家の方々が立法をきちんとされるのにビッグデータが必要だろうと思います。日本の場合、まず憲法があって、その下に六法、それから……、地方自治体の条例にいたるまで、莫大な量の法律の文章があります。

　その結果、上位にある法律とは矛盾するような下位の法律が存在するのも事実です。ですから、矛盾している法律群を列挙して、順次整備していくのは政治家の責務でしょう。

　そういう法律間の矛盾の究明に人工知能は役立ちますが、フレームの扱い方の問題は残ります。しかし、ある程度限定した範囲での法律では有効利用されるでしょう。

　もっとも日本の場合、最大の問題点の1つが憲法で、自衛隊は憲法にそぐわないと3分の2くらいの憲法学者さんも思っているくらいです。ここで憲法9条のことに触れるつもりはありませんが、人工知能でも容易に矛盾を指摘できるでしょう。

　特許・商標権・著作権について人工知能は大活躍するはずです。

　特許を申請する立場から言えば、特許には独特の文章・表現法があります。ですから弁理士さんにお願いするわけですが、その表現になじめないこともあります。そういう言い回しを弁理士さんが教え込んだ人工知能があれば、申請者は人工知能に気兼ねなく相談できますから、申請がスムーズになりそうな気がします。

　それから開示された特許は莫大な量のビッグデータですから、類似性のチェックに人工知能は有効です。特許の説明に使われる図についても、

パターン認識の得意なニューラルネットワークは「これは××の特許に類似しているのでは？」という指摘もするでしょう。

商標権についても同じようなことが言えます。

2020年東京オリンピックのエンブレムを決めるときに、最初に決定されたものはリエージュ（ベルギー）の劇場のロゴとほぼ同じということになり、決定がやり直しになりました。筆者はリエージュの街を熟知していますが、ロゴのことには気がつきませんでした。

世界中の商標権を調べるのは、人間よりも人工知能のほうが適していると思います。インターネットというビッグデータを日夜検索するのも人工知能向きでしょう。

著作権についてはどうでしょうか？

音楽の類似性を調べるのは人工知能に向いていますが、他人の楽曲に類似している曲は世の中にはけっこうたくさんあります。とくに、欧米の楽曲からつくったと思われるJポップスに、その類似性を指摘すると、つくった人は反論するでしょう。「著作権に違反しているかどうか」という判断そのものは、やはり人間が行うことになります。これは楽曲の創生を「人工知能ができるかどうか」ということに類似しています。

エッセイや小説など文章についての著作権の判断は人工知能にはムリで、類似性を調べる道具どまりだろうと思います。

そのほか難しい文章としては古文がありますが、人工知能の適用には覚悟して取り組む必要があります。古文の場合、語の意味、文体など現代文とは違うため、文の構文解析、意味解析が筆者には大変そうに見えるからです。

7.2　ビッグデータ処理

ところで、**ビッグデータ**について少し考えてみましょう。

ここまで莫大なデータがあればビッグデータとしてきました。データといえば、数値が並んだようなものがデータだと思われていましたが、今では**なんでもかんでもデータ**です。つまり、コンピューターに蓄積されるものはすべてデータなので、DVDのような動画もデータになってしまいます。

　数値や記号ではデータは系列長（長さ）を目安にすればいいのですが、映像や画像などパターンも入ってくると、パターンサイズのようなものも考えないといけません。

　1つのデータには「**パターンサイズ×系列長**」があり、その集まりとなる**ビッグデータは**「**パターンサイズ×系列長×データ数**」で表されます。自動運転や囲碁のようにパターン系列を知識として扱う場合、データはかなりのパターンサイズと長さが必要です。そして、ディープラーニングなどで学習させようとすると、データ数も莫大になります。こうなるとパソコンでは心もとなくなり、スーパーコンピューターが必要になるでしょう。

　保険会社、銀行、ネット販売会社……などはビッグデータを持っていますから、当然ビッグデータ処理をしています。これらはビジネス分野ですから、人工知能の適用もするでしょう。

　一方、個人の立場から言えば、あまり個人データを提供したくありませんが、ネットアクセスなどで知らぬうちに履歴データなどを取られているのが現状です。

　ユーザー側から得られるビッグデータには限りがありますが、大手に対抗して、なんらかの見識を得たいのではないでしょうか。

ビッグデータをパソコンでも効率よく学習させる手法も開発されるべきでしょう。

　この稿を書いているとき、芥川賞候補の作品に他の小説などとの類似性が指摘され、盗用かと話題になっていました。このような類似性を調

べる AI プログラムをつくろうと思えば、つくれると思います。文書の場合はパターンではなく、テキストデータとして扱えますから、とくに問題はないでしょう。

　世の中には、小説をはじめとする書籍は数えきれないくらいの量があります。つまり図書館はビッグデータそのものです。AI プログラムは著作権の判断はムリでも、24 時間動作させれば、審査対象となる作品と過去の作品との類似性を探すことはできます。

　そのような人工知能が文学のような世界に入り込む余地があるのかどうか、は筆者には分かりませんが。

　ビッグデータ処理で現在 AI すなわちディープラーニングがやっていることは、データの分類、一致あるいは類似のデータの検出、それにデータマイニング（データから法則すなわちルールの検出）ですが、データマイニングにはいろいろなレベルがあります。データマイニングはデータベースの分野になると思いますが、現在の AI プログラムはどの程度の役割をしているのでしょうか。

　とりわけ複数のビッグデータ間の連想で AI プログラムは役立つと思うのですが、現状についてはデータベース専門家の方にお任せします。

　いずれにせよ、ビッグデータのディープラーニングで法則（ルール）が得られるのはニューラルネットワークの持つ汎化という機能です。これは AI プログラムのレベル（私案）では、レベル 3 の知識（推論）の追加にも有効と思われます。なお、学術誌では AI プログラムの性能を統計的指標によっても評価されているようですので、定量的評価により汎化機能の評価ができるのかもしれません。

8. これからの人工知能

8.1　人工知能による未来予測

　ここまでは今回のAIブームで起こっていること、起こりそうなことについて（期待も込めて）書いてきました。「これから」となると、大げさには「未来予測」なので、まず未来予測の話をします。

　コンピューターを使って未来予測をしよう、という国際シンポジウムが1997年からありました。リエージュ大学（ベルギー）のダニエル・M・デュボワ先生が提唱され、2011年までの15年間続きました。筆者はこの国際シンポジウムには、最終年の2011年以外は全回出席しました。最後の2011年は招待を受けながらも、腰痛のために欠席したのですが……。

　この国際シンポジウムのタイトルは「Computing Anticipatory System」というのですが、コンピューターで予測する、つまり数学モデルで未来予測をするのが目的です。例えば、カオス（混沌とした状態）は数式で表現できますし、主催者のデュボワさんはハイパーインカージョン（Hyper-incursion）という数学モデルの提案者です。

　このハイパーインカージョンを荒っぽく説明しますと、「未来のことはやってみないとわからない」という数式モデルです。今と同じことを続けても未来は変わらないが、「何かやってみると、予想外のことが起こる」というのは、よく見られます。芸人が意外なことでブレークする、というのもそうです。数学者は数式表現をするのは得意ですが、具体的にどうすればいいか、ということには関与しません。これはカオスの式も同じで、「あれはカオスみたいだったね」という事後検証にしか有効ではありません。いつカオスのような事態になるか、というのは占い師の

仕事ですから。

　筆者は主に脳型コンピューターの発表をしていましたが、いつも人工知能と同じセッションでした。脳型コンピューターの基礎にはニューラルネットワークがあるので、人工知能の主流（？）とは違うという認識ではありました。今回のAIブームも最初は戸惑いましたが、今では「ニューラルネットワークも人工知能」とすることにしています。

　では、人工知能で未来予測をするのはどうでしょうか。
　今やニューラルネットワークも人工知能の1つですので、その観点から考えますと、統計的な未来予測はAIソフトも得意と言えます。
　一方、人間の脳で起こる感情をニューラルネットワークに持たせるようにして、人間的な予測をしようとします。そのとき、左脳つまり論理的な思考を持たせるのは問題ないのですが、右脳を持たせようすると、それは「左脳で考えた右脳」になってしまうのです。
　つまり、感情を持つようにみせかけた右脳、つまり擬似右脳になってしまいます。
　人間ならば「直感」や「テレパシー」のような優れた右脳のある人も見かけられます。コンピューターで直感を持たせる試みはありますが、テレパシーを実現するのは先の先のことでしょう。

8.2　未来予測に優れた人工知能とは

　かつてSF映画「2001年宇宙の旅」では、人工知能ハル（HAL9000型コンピューター）というのが登場して話題になったことがあります。このハルは宇宙船の中のコンピューターですが、思考能力があります。乗組員がハルの電源を切ろうとしたときに、反乱を起こして生命維持装置の電源を切って、乗組員を逆に殺してしまいます。
　こういう思考能力のある人工知能は登場するでしょうか。これからも

何度かAIブームは登場するでしょうが、ハルのような人工知能のことを心配する必要はありません。

万能で神のような人工知能がつくられることはありえない。
　これはどういう意味かと言いますと、応用目的ごとに素晴らしい人工知能はつくられます。ところが、問題解決のために「どの人工知能がいいのか」を人工知能自体が判断するのは大変です。マネージャー役の人工知能もつくれるのですが、キリがないのです。もちろん、人間も万能でないのがふつうですから、人工知能も似たようなレベルまではいくでしょう。
　つまり、せいぜい人間並みで、ちょっと目標を変えるとついていけないのがふつうの人工知能です。アルファ碁は将棋をすることはできないでしょう。
　情報科学の理論分野には、コンピューターの能力を意味するチューリングマシンというのがありますが、一方では「万能チューリングマシンをつくることは不可能」という証明があります。このチューリングの意味での「不可能」という証明は、人工知能にも適用できると思っています。

現実的なのは、BCIと合体した人工知能でしょう。
　人工知能がBCI（Brain Computer Interface）と合体すると、人間の脳波で人工知能を支配することができますから、BCIを装着した人間はスーパーマンになり、シャーロック・ホームズのように難問を解決するでしょう。こういうBCIつき人工知能の基本は人間の脳ですから、人工偽脳を超えてしまいます。これでは、人工知能そのものの評価とは言えなくなります。逆に言えば、人間の脳ほど素晴らしいものはないでしょう。
　筆者は脳科学者ではありませんが、脳の数学モデルに興味があり、国際会議で発表したことがあります。数学の世界では位相数学という分野ですが、ふつうの空間よりぼんやりとした空間（ハウスドルフ空間）を

念頭に、学習により概念が階層構造をつくっていくというものです。これは1912年のフランスの数学者ポアンカレの予想「宇宙の形は球形に相当する」にも通じていて、「脳の世界は宇宙と同じようなもの」と思うからです。頭脳は宇宙と比べると比較にならないくらい小さいですが、人間の想像力や思考力は無限に広がる可能性があります。だから、頭の中には宇宙のような広がりのある世界が存在します。例えば、ある若者の頭には「アニメの世界」や「プロ野球の世界」など無数に存在しますし、またアニメの世界の中には「ガンダムの世界」のように少し小さい世界も含まれています。「ガンダムのことならなんでも知っている」という人はガンダムという知識の球を持っているわけです。

疑問や質問は頭の中の空間を飛んでいくロケットのようなもので、このロケットについたロープがどこかに引っかかってしまう。これは知識が完全ではないからで、質問に答えられず立ち往生してしまうような状況でしょう。

ポアンカレが後世に残した課題は「単連結な3次元閉多様体は3次元球面Sに同相である」です。これを21世紀になってロシアの数学者グレゴリー・ペレルマンが証明したことも話題になりましたが、人工知能で宇宙空間のような人間の頭脳をフレーム表現する難しさを痛感しています。

8.3　ブロックチェーン、量子コンピューターと人工知能

もう1つ未来予測をとなると、すでに**仮想通貨**で使われている**ブロックチェーン**です。

インターネット上で取引が行われる情報をトランザクションデータと言いますが、1つ前の**ブロック**の情報と今回のトランザクションデータを一緒にすると、新しいブロックが構成されます。こうして、ブロックが順次つながっていくのがブロックチェーンです。

ブロックチェーンによる取引の記録は取引される当事者でのみ管理さ

れ、一か所で管理する形態とは異なります。したがって、インターネット上には数えきれないくらいのブロックチェーンがあちこちに存在します。ブロックの情報を要約した数字を探すという作業を**マイニング**と呼んでいます。

この場合、自分のサイトでの取引だけでなく、他のサイトの取引を調べるために他人のパソコンにウイルスまで仕掛けているようです。これは行き過ぎるとサイバー攻撃になりかねません。ブロックチェーンのマイニングはすでに述べたデータマイニングとは少し違う意味のようで、区別するならばブロックチェーン・マイニングでしょう。

トランザクションの中身には重要書類があり、仮想通貨もその1つです。そういう意味ではインターネット上に莫大な量の仮想通貨のビッグデータが存在するわけで、日夜コンピューターでマイニングしているグループや人々がいるはずです。

このブロックチェーンのマイニングにも人工知能が役に立つかもしれませんが、まだよく分かりません。ブロックチェーン・マイニング用のAIプログラムも開発中かもしれませんが。

ここまではとくにコンピューター自体のことは触れませんでしたが、筆者が注目しているのは量子コンピューターです。量子コンピューターが実用化されると、現在インターネットで使われているRSA暗号が破られ、ネットバンキング等ができなくなる恐れはありますが、本書の枠外なので、ここでは暗号解読のことには触れません。

一方、人工知能の観点からみれば、量子コンピューターが人工知能を発展させるという期待は持っています。問題解法と量子ビットを対応させる方法（アルゴリズム）は知られていますが、あるタイプのフレームが量子ビットで表現できるなら、AI量子コンピューターになるでしょう。これは単なる予想なので、それ以上のことは専門の方にお任せします。

8.4 人工知能が成長するには

　インターネット時代ですから、24時間動くコンピューター上にインプリメントされた人工知能が日々成長するようなAIプログラムの登場することを期待します。

　コンピューターのAIソフトと話をします。
「君はフランス革命について知っているかな？」
「1789年7月14日に民衆がパリのバスティーユ牢獄を襲撃して始まりました」
「そして？」
「7月14日はフランスで革命記念日です」
「1989年7月14日はフランス革命のちょうど200年目だった。パリでお祭りがあったようだが、知っているかな？」
「よく知りません。明日までに調べておきます」
　翌日、AIソフトに聞いてみます。
「フランス革命200周年のことはわかったかな？」
「パリのカルティエラタンでは大通りが歩行者道路になり、大勢の人で賑わっていましたし、ルーブル美術館前の広場ではロックコンサートがありました。それから……」
のようにネット検索でわかったことを教えてくれるかもしれません。

　知識が増えるタイプの人工知能は現在の技術でも期待できますが、データ検索どまりになる可能性があり、**ものを考える人工知能**にまで発展するかどうかはわかりません。

　一方、知識の量は一定程度にして、24時間思考を続ける人工知能をつくるのはどうでしょうか。ミレニアムな未解決問題もけっこう存在しますから、もしかしたら役立つかもしれません。

　コンピューター理論の世界ではミレニアムな未解決問題として**NP ≠**

8. これからの人工知能　│　87

P問題（あるいはNP＝P問題ともいう）があります。

「5.1 囲碁のためのAIプログラム」でとりあげた「次の一手としての候補が何通りあるか」という問題を考えてみます。ただし、囲碁のことは忘れて、「**次の一手は2通りとし、n手先まで見通す問題**」を考えます。そうすると、始めから終わりまで見通すには**2のn乗通り**を調べることになります。この2のn乗という数は、n＝10で約1,000、n＝20で約100万、n＝30で約10億、……のようにネズミ算的に増える数ですから、n＝1000の1,000手先はとんでもない数になります。

一方、nに比例する数であれば、n＝1,000でも1,000通りの何倍かですし、もしnの2乗でも1,000手先が約100万です。こういう手数の世界をpolynomialのpをとってPと言います。

2のn乗の先を見通すもう1つの手はすごい直感力です。ふつうの見通し方をDeterministic（決定的）というのに対し、Nondeterministic（非決定的）、つまり次の一手が2通りあっても正解の1つを直感的に選択します。ですから、n手先でもnくらいで答えに到達しますから、n＝1,000でも大したことはありません。こういう手数の世界をNondeterministicのNを使って**NP**と言います。ちょっとテレパシーの世界のようですが、数学的にはこう呼ばれています。

NP≠P問題はNPとPは違う世界だということを証明する問題です。ごくたまにはNPとPは同じという人もいるようですので、**NP＝P問題**とも呼ばれています。

こういうミレニアムな未解決問題の証明を24時間動作するAIプログラムにやってもらうのはどうでしょうか。

第1次AIブームで登場したPrologというAI言語の基礎には導出原理（Resolution Principle）という定理証明法がありますから、それがヒントになるかもしれません。もしそうなれば、並列PrologやGHC（Guarded Horn Clauses）も再登場するかもしれません。

8.5 人工知能に心はあるか

　思考するビジネスロボットについては私案を書きましたが、心を持つ人工知能となると、どうやって実現すべきか見当もつきません。

　辞書によると、「心」とは知識・感情・意志などの精神的な働きのもとになるもののようですが、人工知能では知識を扱っていますし、本書でも思考する人工知能では擬似的に感情や意志も入れようとしています。しかし、筆者は人工知能の「心」までは言及していません。それは医学・生理学的な頭脳と「心」の関係には理解不能なところがあるからです。

　文学の世界では、100年以上も前、我が国の誇る文豪・夏目漱石さんが「こころ」という小説を出版しています。背景には明治天皇の崩御と乃木希典の殉死があるようですが、先生と私、両親と私、先生の遺書、の三部構成を何度読んでも、「心には葛藤がある」ところまでは理解できますが、それ以上はよく分かりません。

　理系の頭で文学を理解することの限界を感じていますが、成長する人工知能が実現されたら、文学の理解の仕方が分かるかもしれません。というのは、会話型ロボットと漱石先生の「こころ」を一緒に読んで、「今日はどうでしょうか」と連日話し合います。人工知能が「小説「こころ」は分かりました」と言ったとしたら、人工知能に文学を理解する心が育ったかもしれないので、AIプログラムの中身を分析したいと思います。

　成長する人工知能ならば、やがて人間並みになるという夢みたいなことも考えています。

　この世の人々の活動を数学で統一的に表現できるとしたのが、17世紀のフランスの哲学者・数学者、ルネ・デカルト。ニューラルネットワークは数学モデルが出発点ですから、人工知能が心を持つ人間並みになるかもしれないという夢は、デカルトの夢とどこか相通じるものがあるでしょう。

9. まとめ

　少なくとも、今回の第2次（学術的には第3次）AIブームで登場する人工知能を怖れる必要はありません。ただし「敵を知り、己を知れば百戦危うからず」ですから、まず敵を知りましょう。そうすれば、AIを上から目線で眺めて「AIがつくるのは偽の脳」という本書の主旨に同感してもらえるのではないでしょうか。

　まず大ざっぱにAIプログラムを理解しましょう。
　これはOffice（Word、Excelなど）のような事務用ソフトを理解するのと同じです。そうすれば、どの程度の人工偽脳なのか分かりますから、利用する人は必要なときに従わせるようにすればいいのです。
　もう少しAIプログラムに深く関わる方は、AIプログラムの中身を知る必要がありますが、ほとんどの商用製品はソースプログラムを非公開にしています。それはこれまでの商用ソフトウェアも同じです。類似の製品をつくる場合、およその見当をつけて自作する以外にありません。しかし、しばらく苦労すると、いろいろなことがわかってくると思います。そうすれば、これまでのAIプログラムとは異なる新しい製品を開発できるようになるでしょう。
　人工知能の進歩と並行して、コンピューターシステムの入力になる画像認識、音声認識も非常に進歩しました。これら認識プログラムにもAIが使われることがありますが、人の顔や音声の識別技術そのものの発展も素晴らしいと思います。と同時に音声合成も進歩しましたから、昔と比べずっと人間らしい声でコンピューターは語りかけてくれます。
　人間の手先、指先の動きを真似するロボットもよく登場しますが、ま

だ細かい動きとなると、ピアノ演奏のように目的を特化した場合を除いて、問題があるでしょう。人間ならば、そういう手先、指先の動きもトレーニングをすれば徐々に上達しますが、ロボットにトレーニング学習させる技術はどうでしょうか。ロボットの指先が日々上達していくようになると、その道の専門家の方もうかうかできなくなるかもしれません。

　消費者の立場から言えば、購入する商品に「どの程度のAIが使われているのか」をあらかじめ表示してもらわないと困ります。怪しげなAIソフトを使った商品に「AIを使った素晴らしい商品」と言われる可能性もあるからです。AIソフトが氾濫する時代になったら、消費者が迷わないように、消費者庁に頑張っていただきましょう。

　進化を続ける人工知能をつくるには、24時間サーバーのように動くAI向きのOS（オペレーティングシステム）をつくったほうがよさそうです。大まかにいうと、学習モードと実行モードを繰り返すようなシステムです。定常的にはインターネットから得られる情報を使って学習モードにあり、ユーザーからレスポンスを求められると実行モードに入ります。

　学習モードではインターネット以外に、四六時中、五感センサーのような入力も必要になるでしょう。実行モードで思考を入れるところには工夫が要ると思いますが。

　加えて、AIをアプリとして扱うのでなく、AIOSとでも呼ぶOSで動くようにするのです。AIに特化したOSの必要性を感じる理由は、推論機構を使うAIソフトでは、プログラムの実行がインタープリター方式になってしまいます。一方、リアルタイム処理が要求されるソフトはコンパイラー方式、プロセッサーの機械語（マシンコード）を実行する必要があります。インタープリター方式は遅くなりますから、この速度差を少しでも縮めるためには、AI言語専用のOSのほうがいいでしょう。

　IT技術は多分野で使われますから、象のように肥大化しています。そして今回対象にしたAIも多分野で使われ始めましたから、象のあちこち

にAIというラベルが貼られています。本書は「盲人たちが象の一部を触って感想を述べるインド発祥の寓話みたい」と言われるのを覚悟して書きました。ものの見方に一面的な面もあろうかと思いますが、ご容赦いただければ幸いです。

エピローグ

　プロローグでは1回目のAIブームから今回までのAIブームをおおまかな年代で表示しましたが、1回目のブームを第0次としました。世間一般で人工知能がブームになったのは、2回目のブームからだろうと思ったからです。どうしてかというと、1回目のブームは当該研究分野ではたしかにブームでしたが、世の中をびっくりさせるような成果はなく、一般には知られなかったと思います。ですから、3回目の現在のブームが第2次AIブームになりますが、社会的に影響し始めたという意味で、今回がやっと**本格的なAIブーム**になりつつあると言ったほうがいいかもしれません。

　つまり、1次、2次などと分けて話をするのは昔を知る研究者だけで、若い人は「**これからがAIブーム**」でいいでしょう。

　昔を知る立場の老研究者としては、人工知能発達の歴史を大まかにお話ししながら、**人工知能はまだ開発途上にすぎない**と言いたかったのです。ディープラーニングでやっと実用化されてきたニューラルネットワークにしても、まだまだ序の口の段階だと思っています。ニューラルネットワークにも、本書で述べたディープラーニング用の多層型と思考モデルへの展開に引用したARTネットワークのほかに、ホップフィールド、コホーネン（LVQ、SOM）、ネオコグニトロンなどいろいろなモデルがあり、今後の展開が期待されます。

　1985年ころからの第1次AIブームでは、通産省（現・経産省）の通称「第5世代コンピュータ」というプロジェクトがあったように、「並列スパコン並みのAIコンピューターをつくる」というハードウェア面が強調されました。パソコンよりちょっと上位のワークステーションというレベルでも、Lisp言語専用のLispマシンがつくられたりしました。ソフトウェアとしては、Lispに加えて、Prologという言語も取り上げられ、並列PrologやGHCも誕生しました。

しかし、AI言語が普及するまでには至りませんでした。もっとも、Lispだけは AIブームと関係なく、研究者にはずっと使い続けられています。これは AI言語そのものが問題というより、AI的なプログラミングがあまり普及しなかったからでしょう。
　今回「人工偽脳」という表現を用いましたが、過去に学会レベルで「人工技能」のほか、「脳」を使う用語としては「電脳」や「人工脳」（「人工無脳」）も古くから使われています。
　電脳はコンピューターそのもの中国語ですから、今回は「AIが載った電脳」を対象にしないといけません。
　人工脳はいい表現だと思いますが、客観的に、そしてややシニカルに人工知能の現状をみつめて、「人工偽脳」でどうでしょうか。

　コンピューターと人間ではもともと処理方式が違う例もあります。
　方程式を解く場合、人間は公式を使ったり式を変形したりして、答えを見つけようとします。しかしコンピューターの場合、ふつうのプログラム言語では式の変形はムリなので、ニュートン法のような収束計算つまり数値計算になります。もちろん、式を変形したりできるソフトもあるのですが、一般的なソフトではありません。
　これは人工知能の将来を考える場合、とくにこだわる必要はないと思いますが、基本的なところで**コンピューターと人間の処理は異なる**という例として、認識しておく必要はありそうです。

　AIプログラムについて、冷めた見方としては、**問題に依存しないアルゴリズムでつくられたプログラム**という見方もあります。ふつうコンピューターのプログラムは、解きたい問題ごとにアルゴリズム（問題解決の手法）をあてはめます。問題が変わると、アルゴリズムも変わるのがふつうです。ところが、ディープラーニングを使うニューラルネットワークやGA、GPなどは、問題が変わっても同じアルゴリズム（問題解

決の手法) が使えます。ですから、こういうプログラム (やライブラリ) はAIプログラムとみなせるわけです。

　今回のAIブームは人工知能プログラムの実用化という点で評価できるのですが、人工知能の根本的な進歩という点ではどうでしょうか。ディープラーニングも使えるところにはどんどん使われるでしょうが、一段落したら「もっとほかに何かないのか」ということになるでしょう。ビッグデータの研究はこれからも続くでしょうが、これは人工知能の問題というよりも、データベースの問題でしょう。

　会話型ロボットについても素晴らしい進歩をしていますが、チューリングテストに合格するロボットという点ではどうでしょうか。アメリカMIT (マサチューセッツ工科大学) では全学規模のイニシアティブ (MITIQ) を発表していますが、「子供のように学習できる」という控えめな目標です。日本のどこかで、チューリングテストに合格するシステムを開発しているのでしょうか。マッカーサー元帥の言った「12歳程度の日本人」となる人工知能ができるのはいつごろでしょうか。

　人工知能研究そのもののブレークスルーはまだ遠い先のような気がします。

どうやれば人工偽脳は真の脳になるのだろうか。

　今回のAIブームではすでに現役を退いているAI研究者の感想です。

2018年秋　阿江 忠

参考文献

著書、論文、連載記事は、いずれも第1次AIブームのころのもので、英文の論文は省略しています。

◆著書
1. 阿江忠『計算機システム』（オーム社、1987）
   8章（非数値計算のためのプログラム言語）に当時の人工知能ソフトを記述。
2. 阿江忠『VLSIコンピュータ』（電子情報通信学会、1988）
   7章（3次元VLSIアーキテクチャ）にPS（プロダクションシステム）を記述。
3. 阿江忠『VLSIニューロコンピュータ』（共立出版、1991）
   第1次AIブームに関連するニューラルネットワークのハードウェアを記述。

◆AIに関係する論文（和文）
1. 阿江忠「階層構造の脳型コンピュータ」（電子情報通信学会誌、Vol.81, No.9、1998）
   図2.1の階層構造の人工知能の要約を書いています。
2. 神田有洋、藤田聡、阿江忠「予測によるニューラルネット誤差逆伝搬アルゴリズムの高速化」（電子情報通信学会論文誌、Vol.J76-D-II, No.1、1993）
   図1.3（b）のニューラルネットワークを誤差逆伝搬アルゴリズム（BP）で学習させる。第1次AIブームの話です。当時3層の簡単なニューラルネットワークでも学習には1万回、2万回の繰り返し計算が必要でした。現在は複雑な深層ニューラルネットワークでのディープラーニングになっていますから、計算時間は大変でしょう。

3．碓井大祐、荒木宏行、阿江忠「構造化ストリングデータにおける知識獲得および生成」（情報処理学会論文誌、Vol.10, No.4、1999）
パターンの系列から知識獲得する話です。現在では系列のビッグデータが扱われて、実用化されています。

4．阿江忠、相原玲二、新田健一、久長穣「RAMニューロンによるホップフィールド・ニューラルネットワーク」（電子情報通信学会論文誌、Vol.J72-C-II, No.12、1989）
著書3『VLSIニューロコンピュータ』のベースになっています。

5．林原香織、山下雅史、阿江忠「シグモイド関数の連続性/離散性とニューラルネットワークのマシン能力について」（電子情報通信学会論文誌、Vol.J73-D-II, No.8、1990）
「8.2 未来予測に優れた人工知能とは」で「万能で神のような人工知能がつくられることはあり得ない」と書いたのは、0と1のデジタルの世界の話です。理論的なニューラルネットワークはチューリングの世界を超えますので、どうなるのかわかりませんが、コンピューターにインプリメントしたAIソフトはチューリングマシンの枠内にあります。

◆AI関係の連載記事

1．阿江忠「ニューロ・コンピュータ」（「インターフェース」連載「マイコン・ソフト開発のための知識工学」、CQ出版社、1988）
第1次AIブームのころ、連載を1年間担当しました。

◆その他

1．東中竜一郎『おうちで学べる人工知能のきほん』（翔泳社、2017）
今回の第2次AIブームを一望された本として、1冊だけ挙げておきます。現在の第2次AIブームを基礎から理解しようという人にお勧めできます。

執筆者紹介

阿江 忠（あえ ただし）

3大学でコンピューターとAI研究を半世紀近く続けたのち、現在は自称リケロ（理系老人）評論家。欧米での滞在経験は豊富、若い頃フランスでの長期滞在で中古車を所有して以来、西ヨーロッパ内での移動はもっぱらレンタカー。アメリカでも東海岸ボストン郊外1号線でロータリーへの侵入を経験。学生時代、アマチュアバンドを結成、その後作詞・作曲及び下手なボーカルで演歌CDを自主製作も。現在、「人工偽脳」という小説も計画中。

◎本書スタッフ
アートディレクター/装丁：岡田 章志＋GY
編集：向井 領治
デジタル編集：栗原 翔

●本書の内容についてのお問い合わせ先
株式会社インプレスR&D　メール窓口
np-info@impress.co.jp
件名に「『本書名』問い合わせ係」と明記してお送りください。
電話やFAX、郵便でのご質問にはお答えできません。返信までには、しばらくお時間をいただく場合があります。なお、本書の範囲を超えるご質問にはお答えしかねますので、あらかじめご了承ください。
また、本書の内容についてはNextPublishingオフィシャルWebサイトにて情報を公開しております。
https://nextpublishing.jp/

●落丁・乱丁本はお手数ですが、インプレスカスタマーセンターまでお送りください。送料弊社負担 にてお取り替え
させていただきます。但し、古書店で購入されたものについてはお取り替えできません。
■読者の窓口
　インプレスカスタマーセンター
　〒101-0051
　東京都千代田区神田神保町一丁目 105番地
　TEL 03-6837-5016／FAX 03-6837-5023
　info@impress.co.jp
■書店／販売店のご注文窓口
　株式会社インプレス受注センター
　TEL 048-449-8040／FAX 048-449-8041

OnDeck Books

人工偽脳　AIがつくるのは偽の脳

2018年10月26日　初版発行Ver.1.0（PDF版）

著　者　阿江 忠
編集人　桜井 徹
発行人　井芹 昌信
発　行　株式会社インプレスR&D
　　　　〒101-0051
　　　　東京都千代田区神田神保町一丁目105番地
　　　　https://nextpublishing.jp/
発　売　株式会社インプレス
　　　　〒101-0051　東京都千代田区神田神保町一丁目105番地

●本書は著作権法上の保護を受けています。本書の一部あるいは全部について株式会社インプレスR
＆Dから文書による許諾を得ずに、いかなる方法においても無断で複写、複製することは禁じられてい
ます。

©2018 Ae Tadashi. All rights reserved.
印刷・製本　京葉流通倉庫株式会社
Printed in Japan

ISBN978-4-8443-9864-6

NextPublishing®

●本書はNextPublishingメソッドによって発行されています。
NextPublishingメソッドは株式会社インプレスR&Dが開発した、電子書籍と印刷書籍を同時発行できる
デジタルファースト型の新出版方式です。https://nextpublishing.jp/